樹液太郎的

軟萌昆蟲圖鑑

樹液太郎／著
須田研司／監修

瑞昇文化

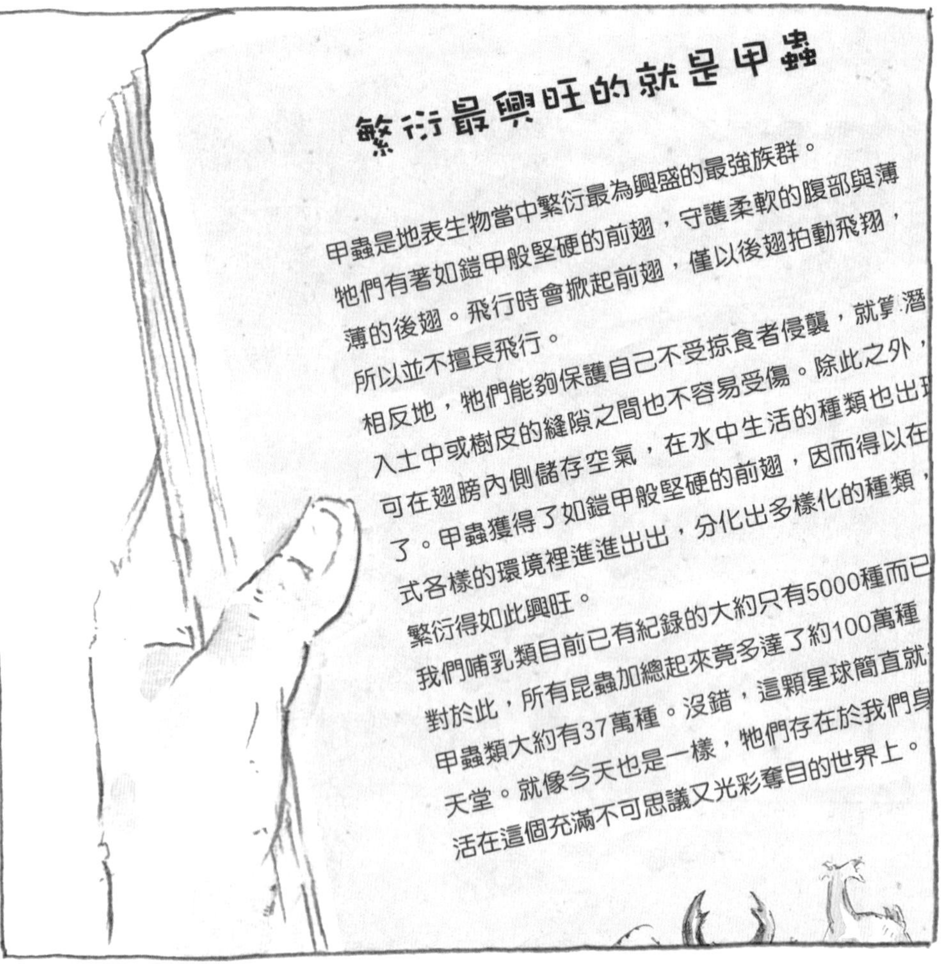

繁衍最興旺的就是甲蟲

甲蟲是地表生物當中繁衍最為興盛的最強族群。
牠們有著如鎧甲般堅硬的前翅，守護柔軟的腹部與薄
薄的後翅。飛行時會掀起前翅，僅以後翅拍動飛翔，
所以並不擅長飛行。
相反地，牠們能夠保護自己不受掠食者侵襲，就算潛
入土中或樹皮的縫隙之間也不容易受傷。除此之外，
可在翅膀內側儲存空氣，在水中生活的種類也出
了。甲蟲獲得了如鎧甲般堅硬的前翅，因而得以在
式各樣的環境裡進進出出，分化出多樣化的種類，
繁衍得如此興旺。
我們哺乳類目前已有紀錄的大約只有5000種而已
對於此，所有昆蟲加總起來竟多達了約100萬種
甲蟲類大約有37萬種。沒錯，這顆星球簡直就
天堂。就像今天也是一樣，牠們存在於我們身
活在這個充滿不可思議又光彩奪目的世界上。

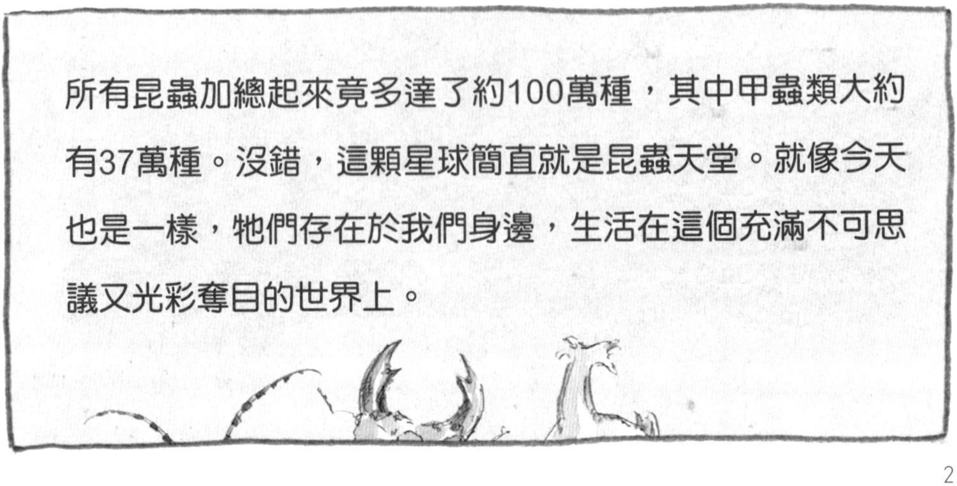

所有昆蟲加總起來竟多達了約100萬種，其中甲蟲類大約有37萬種。沒錯，這顆星球簡直就是昆蟲天堂。就像今天也是一樣，牠們存在於我們身邊，生活在這個充滿不可思議又光彩奪目的世界上。

哇——騙人的吧。
世界上真的有那麼多種蟲嗎？
窸窸窣窣

!!
咦……

走近——……

嗡
沙
沙
這個要搬去哪啊？…
天氣真好！

啊……人類……
呼！呼！……
咬牙切齒
怎樣啦！

本書的閱讀方法

特徵、有趣的重點
在該昆蟲的生態中特別有趣的地方

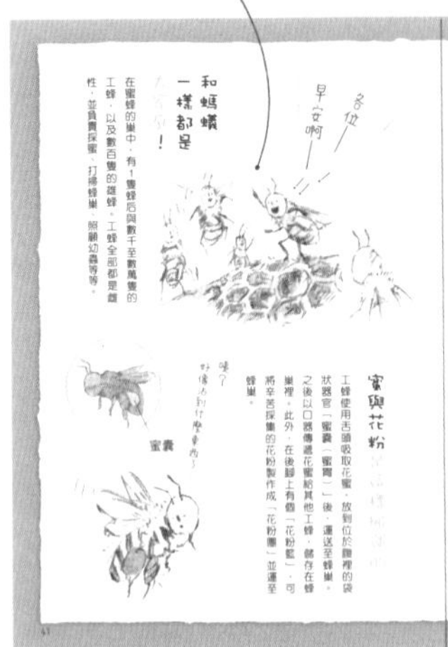

和螞蟻一樣都是大家族！

在蜜蜂的巢中，有1隻蜂后與數千至數萬隻的工蜂，以及數百隻的雄蜂。工蜂全部都是雌性，並負責採蜜、打掃蜂巢、照顧幼蟲等等。

蜜與花粉

工蜂使用舌頭吸取花蜜，放到位於腹裡的袋狀器官「蜜囊（蜜胃）」後，運送至蜂巢。之後以口器傳遞花蜜給其他工蜂，儲存在蜂巢裡。此外，在後腳上有個「花粉籃」，可將辛苦採集的花粉製作成「花粉團」並運至蜂巢。

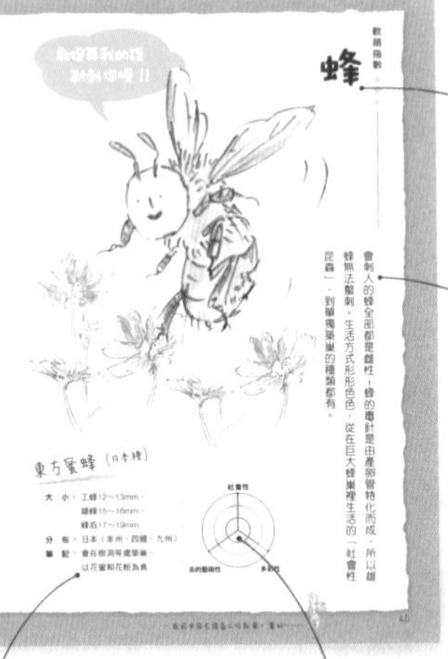

軟萌指數

蜂

會刺人的蜂全部都是雌性！蜂的毒針是由產卵管特化而成，所以雄蜂無法螫刺。生活方式形形色色，從在巨大蜂巢裡生活的「社會性昆蟲」，到單獨築巢的種類都有。

東方蜜蜂（日本種）

大　小：工蜂12～13mm、雄蜂15～16mm、蜂后17～19mm
分　布：日本（本州、四國、九州）
筆　記：會在樹洞等處築巢，以花蜜和花粉為食

名稱
此處介紹的昆蟲的名字

基本資訊
登場昆蟲的基本資訊

資料
登場昆蟲的大小、分布、摘要筆記

軟萌分析圖
將各種昆蟲的特徵數值化

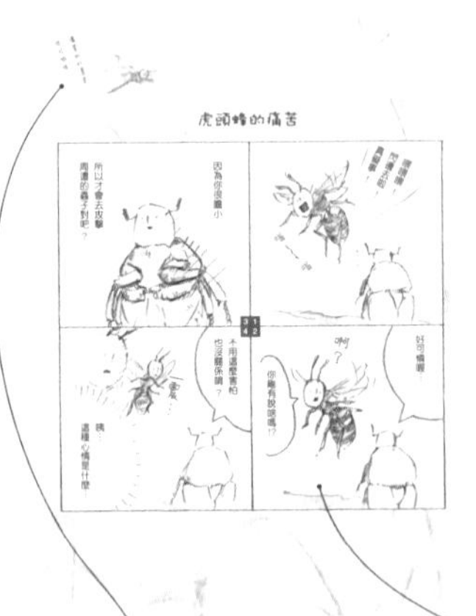

虎頭蜂的痛苦

蜂的同伴們

大虎頭蜂

大　小：工蜂27～37mm、雄蜂27～[illegible]、蜂后37～44mm
分　布：日本（北海道～九州）

在虎頭蜂類當中是世界上最大的，攻擊性強，不會輕饒對蜂巢造成危害的事物，有時甚至會襲擊其他蜂巢並加以殲滅。會把遭到襲擊的昆蟲做成肉丸子餵給幼蟲吃，成蟲是以樹液和花蜜為食。

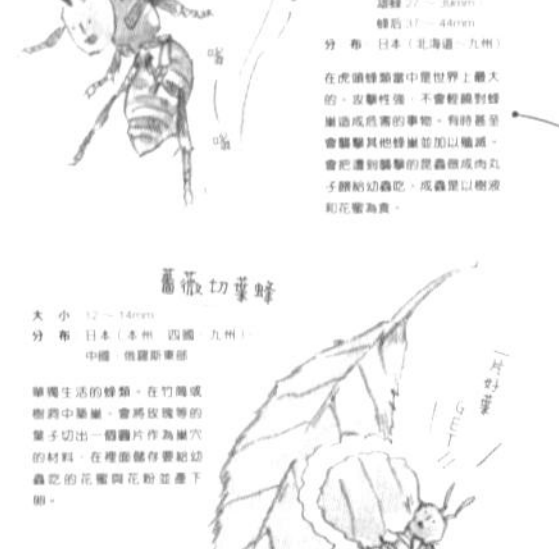

薔薇切葉蜂

大　小：12～14mm
分　布：日本（本州、四國、九州）、中國、俄羅斯東部

單獨生活的蜂類。在竹筒或樹洞中築巢，會將玫瑰等的葉子切出一個圓片作為巢穴的材料，在裡面儲存要給幼蟲吃的花蜜與花粉並產下卵。

同伴們
登場昆蟲的同類介紹

基本資料
該昆蟲的大小、分布、基本資訊等

短言分享
偷聽一下昆蟲們的小碎念

漫畫
來悄悄偷看一下昆蟲們的慢活日常吧

體型大小的表示方法

在本書當中是測量昆蟲們的以下部分，並以較為普遍的大小來表示。

獨角仙等　鍬形蟲等　金龜子等　蜂、蒼蠅等

蚱蜢等　蟬等　蝴蝶、蛾等　蜻蜓等

昆蟲的成長

昆蟲的成長可分成3種類型：會變成蛹的「完全變態」、不會成蛹的「不完全變態」，以及像衣魚（蠹魚）這類即使變為成蟲，其樣貌也幾乎不太有變化的「無變態」。

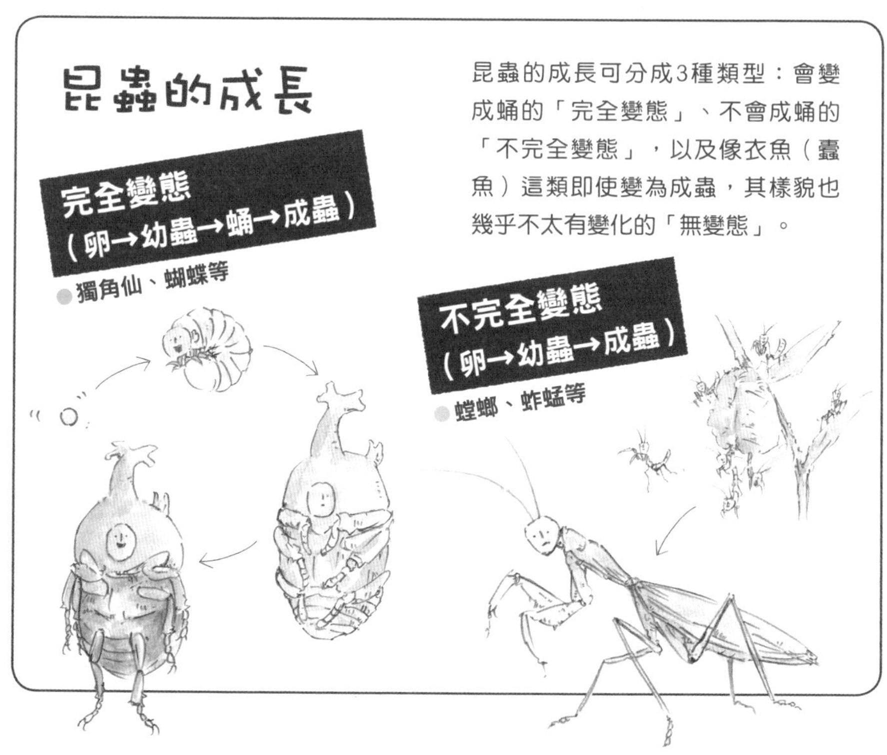

目次

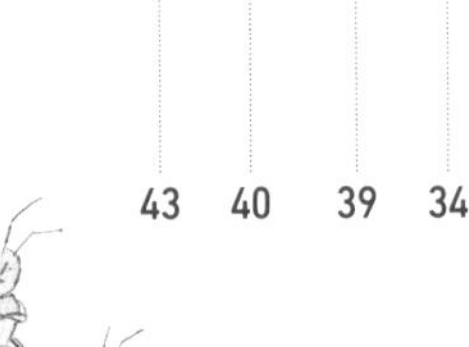

第4章 螳螂與蚱蜢們

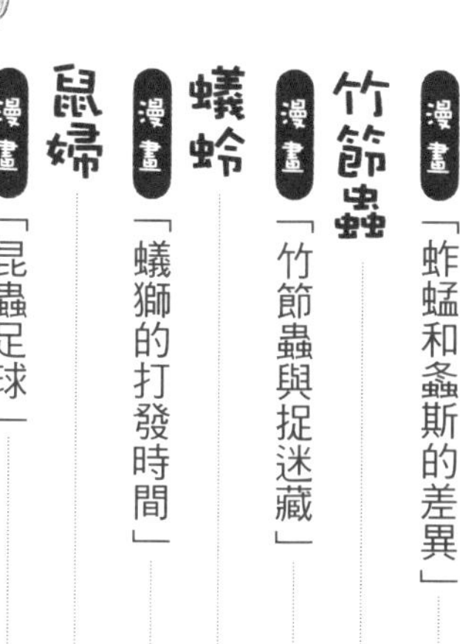

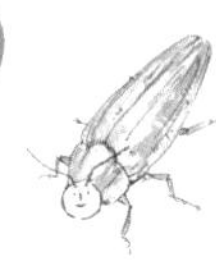

第5章 螢火蟲與吉丁蟲們

第6章 蟬與椿象們

軟萌專欄

第7章 蚊子與蒼蠅們

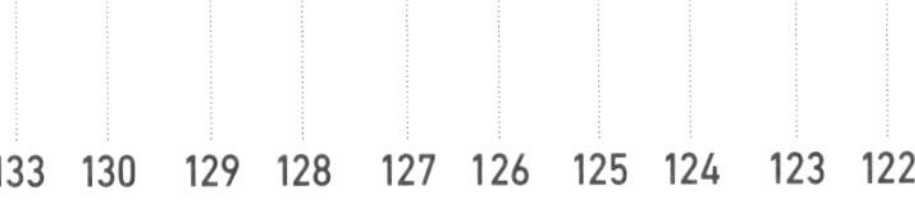

第1章 獨角仙與鍬形蟲們

強壯又帥氣的牠們有些什麼秘密？就來一探究竟吧。

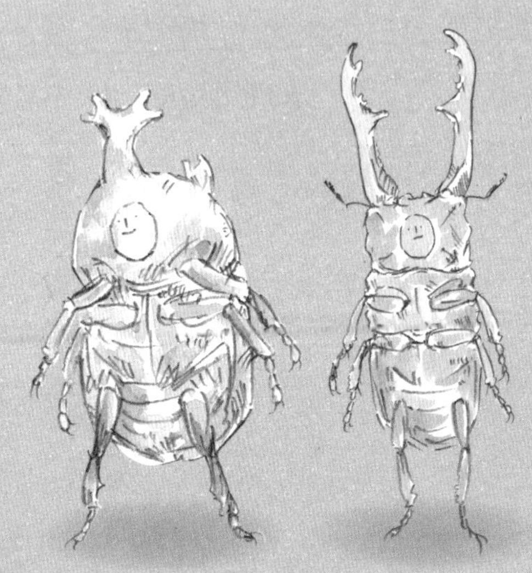

軟萌指數 ★★★

獨角仙

蟲界代表非我莫屬吧。

那雄偉的大角與穩定感十足的身軀，真是既高雅又時髦。不過牠們最愛吃甜食了，這種反差超級讚。主要於夜間活動，喜聚在枹櫟及麻櫟樹上大啖樹液。

大　小 ▶ 雄性27～85mm、雌性35～55mm

分　布 ▶ 日本（北海道～九州、南西諸島*）、朝鮮半島、中國、菲律賓

筆　記 ▶ 成蟲的壽命約1個月。雄蟲會使用頭角將較勁的對手丟擲出去

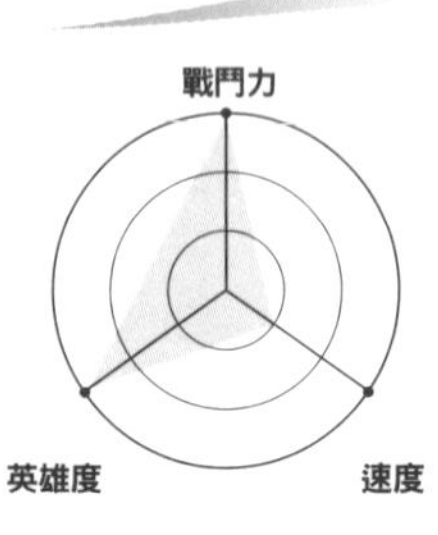

*譯註：位於九州南端到臺灣東北部之間的諸島。如沖繩群島、宮古群島等。

當獨角仙到來，會產生樹液的樹木就要倒大楣啦！

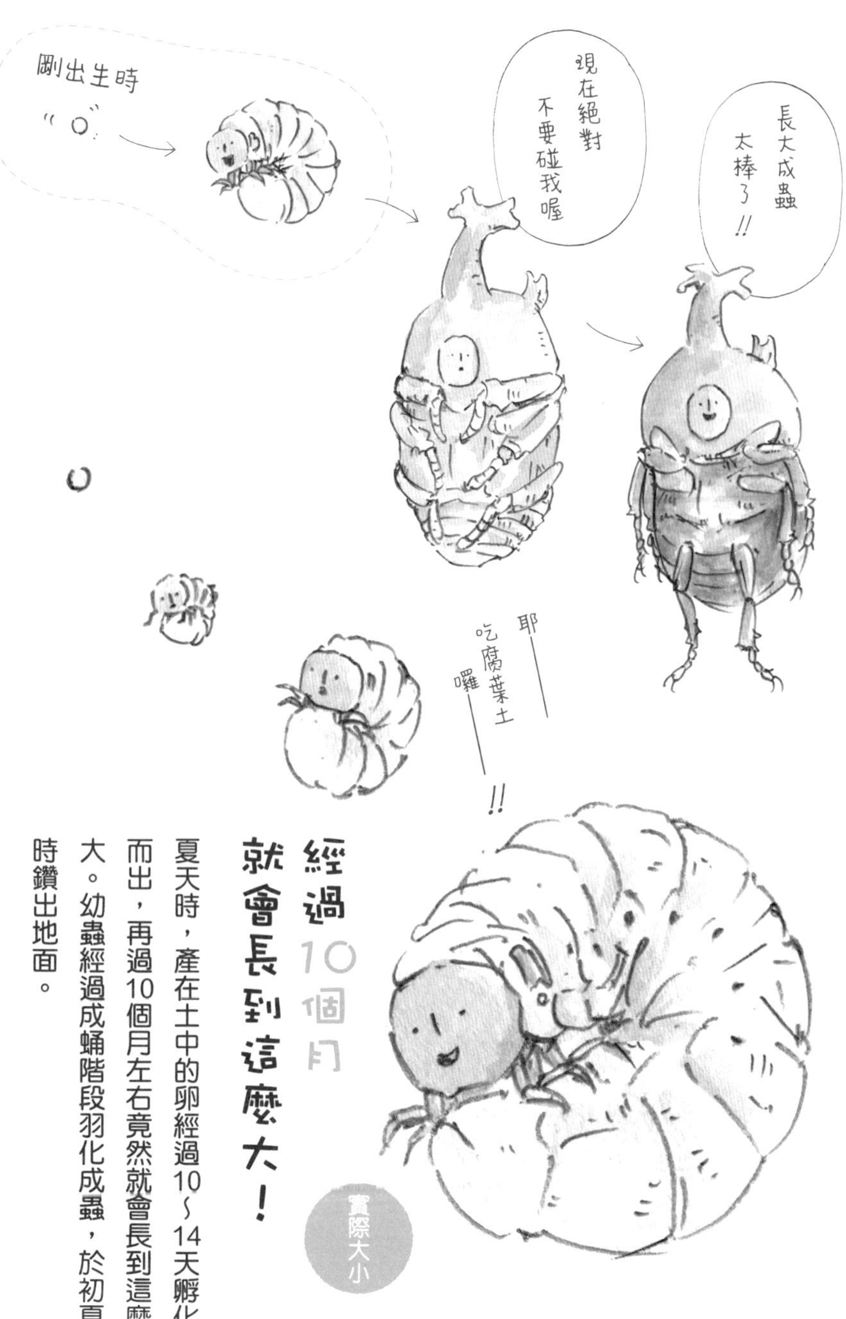

經過10個月就會長到這麼大！

夏天時，產在土中的卵經過10～14天孵化而出，再過10個月左右竟然就會長到這麼大。幼蟲經過成蛹階段羽化成蟲，於初夏時鑽出地面。

比自己重20倍的東西也都拖得動

若是體重10公克的獨角仙，就能拖行200公克的物體。用人類來比擬的話，就是一個體重30公斤的孩子可以拉動600公斤的貨物。真希望在拔河大賽可以有這樣的人當隊友……。

身體太重而飛行技術不佳

獨角仙的平均體重是10公克，在昆蟲界算是相當重的。明明有著帥氣的翅膀，卻因為身體太重而不善飛行。起飛也要費一番力氣，而且也飛不快，有時甚至還會著陸失敗呢。

獨角仙的同伴們

高加索南洋大兜蟲

大　小▶雄性 60 ～ 130mm、雌性 50 ～ 75mm
分　布▶印度、東南亞

被公認為是世界上最強的獨角仙，脾氣暴躁，會用頭角和腳把對手丟擲出去。雄蟲具有3根長長的角。背部的空隙宛如尖銳的指甲刀，在遇上猴子等掠食者時可以派上用場，用來保護自己。暗想有朝一日可以打倒獅子，成為生物界的最強霸主。

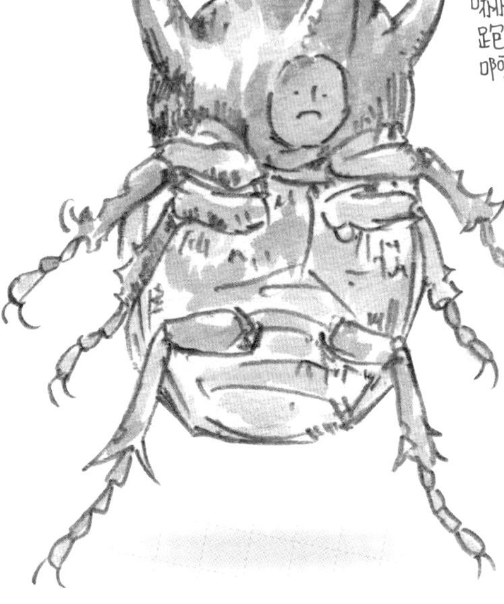

五角大兜蟲

大　小▶雄性 45 ～ 85mm、雌性 40 ～ 60mm
分　布▶印度、東南亞、中國

雄蟲粗壯的頭角多達5根，外表孔武強悍，但其實性情相當溫順。會聚集在竹林裡，在竹子的嫩芽上弄出傷口吸食樹液。

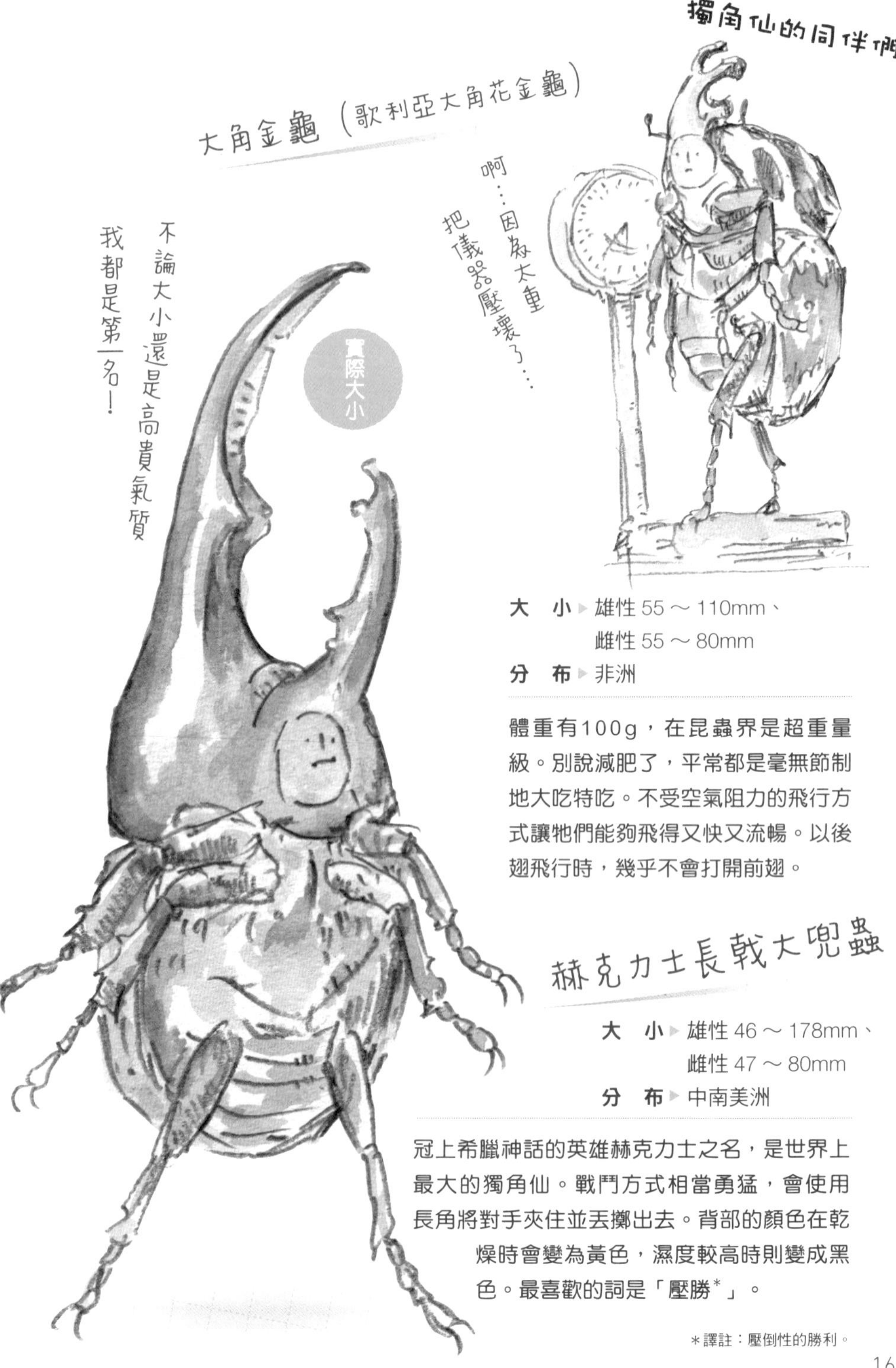

大　小 ▸ 雄性 55 ～ 110mm、
雌性 55 ～ 80mm

分　布 ▸ 非洲

體重有100g，在昆蟲界是超重量級。別說減肥了，平常都是毫無節制地大吃特吃。不受空氣阻力的飛行方式讓牠們能夠飛得又快又流暢。以後翅飛行時，幾乎不會打開前翅。

大　小 ▸ 雄性 46 ～ 178mm、
雌性 47 ～ 80mm

分　布 ▸ 中南美洲

冠上希臘神話的英雄赫克力士之名，是世界上最大的獨角仙。戰鬥方式相當勇猛，會使用長角將對手夾住並丟擲出去。背部的顏色在乾燥時會變為黃色，濕度較高時則變成黑色。最喜歡的詞是「壓勝*」。

＊譯註：壓倒性的勝利。

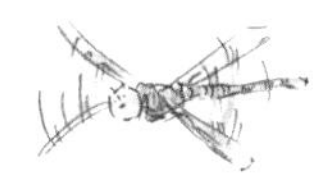

獨角仙不擅長飛行

獨角仙真的好帥氣噢——

哼哼，對吧？

救命啊——

怎麼了!?

我沒辦法從樹上下來…

知道了！你在那邊等我！

鏗

蹬！

抖動

抖動…

軟萌指數★★

鍬形蟲

擁有可以和獨角仙匹敵的迷人魅力。特徵是平滑而纖瘦的身體與雄蟲的大顎。遭逢敵人來襲時，會使用巨大的顎來戰鬥。

現今正是鍬形蟲的時代

獨角仙？那種小咖聽都沒聽過。

日本大鍬形蟲

大　小 ▶ 雄性27～77mm、雌性34～44mm

分　布 ▶ 日本（北海道～九州）、朝鮮半島、中國

筆　記 ▶ 壽命約3年。因為環境破壞等問題導致野生日本大鍬的數量正在減少當中

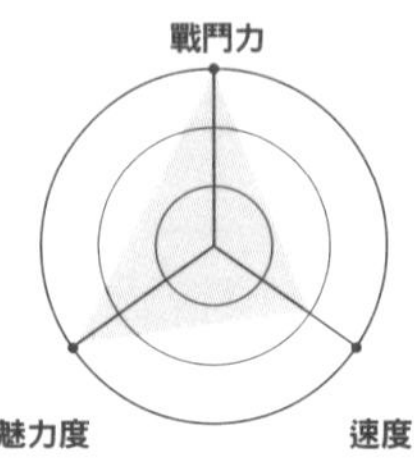

苗條身軀的秘密

鍬形蟲的大多數種類都有著纖瘦的體型。牠們能夠倏地躲入樹木的裂縫或樹皮之間，有些種類在冬天時還會待在樹縫裡避寒，充分活用那苗條的身體。

沙

呀齁！

夏天時親子有可能會見到面？

和短命的獨角仙不同，依照種類，有的鍬形蟲甚至可以活好幾年。蛻變為成蟲後來到地上的世界，搞不好會和雙親在同一片森林裡生活唷？

鍬形蟲的同伴們

長頸鹿鋸鍬形蟲

大　小 ▶ 雄性 35 ～ 118mm、
雌性 31 ～ 56mm

分　布 ▶ 印度、東南亞

在鍬形蟲當中是世界上最大的種類。尤其是分布在印尼弗洛勒斯島上的同類長得特別大隻。「giraffa」是拉丁語中長頸鹿之意。修長的顎就像是長頸鹿的脖子一般。

這種守備範圍，不管是誰都無法輕易靠近!!

實際大小

大　小 ▶ 雄性 54 ～ 110mm、
雌性 42 ～ 46mm

分　布 ▶ 巴拉望島（菲律賓）

扁鍬形蟲當中最大的種類。依地區不同，顎的形狀也有所差異。血氣方剛，認為自己在打架這方面「若論昆蟲界是不會輸的」。成蟲的壽命是1～2年。

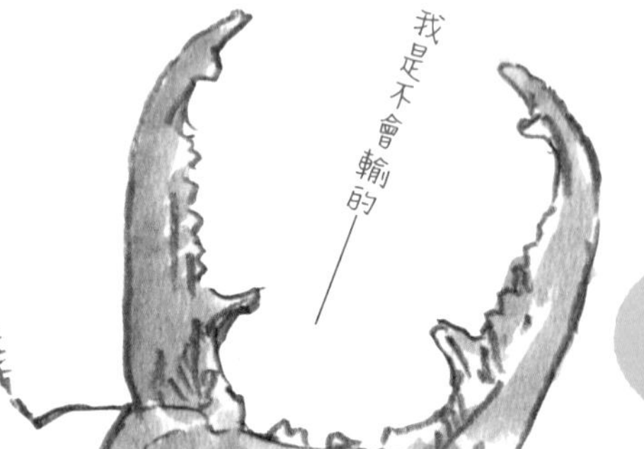

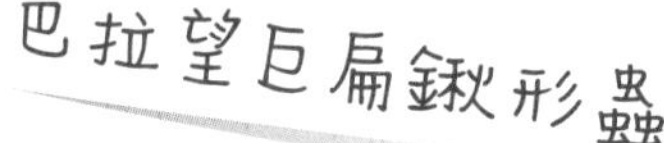

巴拉望巨扁鍬形蟲

蘇門答臘寬扁鍬形蟲

大　小▶雄性 33～100mm、雌性 39～48mm

分　布▶蘇門答臘島（印尼）

橫寬較寬，身體相當肥碩的鍬形蟲。大顎的咬合力非常厲害。有顎部較長的「長齒型」以及較短的「短齒型」。

各種形狀的大顎

就算是相同種類的鍬形蟲，也會因為個體差異造成顎的形狀有很大的不同。即便同為鋸鍬形蟲，看起來就好像是不同種類一樣。

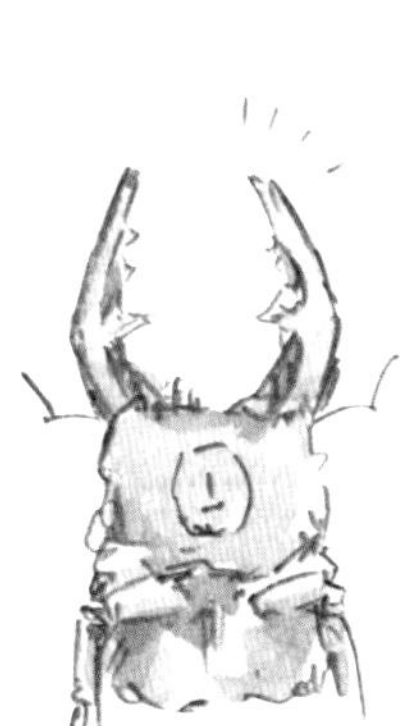

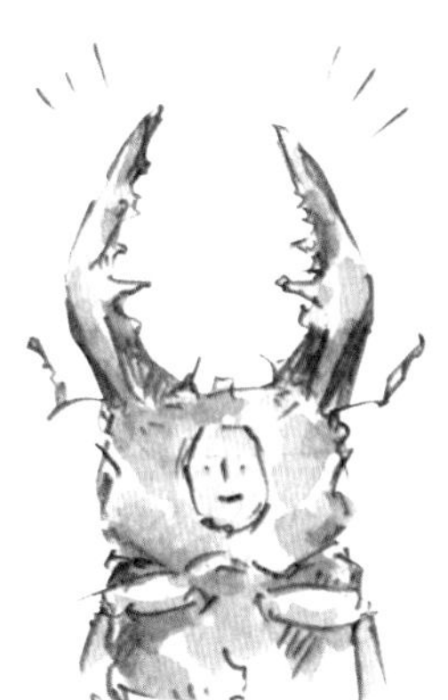

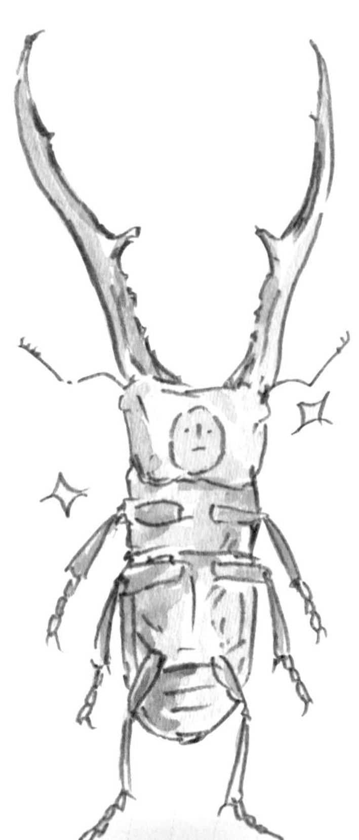

美他利佛細身赤鍬形蟲

大　小▶雄性 26～100mm、雌性 23～30mm
分　布▶印尼

擁有金屬般光澤及修長身軀的鍬形蟲。由於雄蟲的身體約有一半是顎部，所以大小幾乎是雌蟲的兩倍。會聚集在野牡丹的花朵或山茶科植物的嫩芽上。

彩虹鍬形蟲

大　小▶雄性 36～70mm、
雌性 25～40mm
分　布▶澳洲、新幾內亞島

閃耀著虹彩，被譽為世界上最美麗的鍬形蟲。有對朝上彎曲的大顎。雖然體型偏大但性格溫馴，在棲息地被列為保護對象所以不得採集，可謂溫室裡的花朵。依個體差異，也會有紅色或綠色較為明顯的彩虹鍬。

我連更狹窄的縫隙
都鑽得進去唷

鍬形蟲的身體

鏗

好痛!!

沙

咦？
真奇怪……

苗條的身體
最適合用來
惡作劇了

如果想找到牠們，就往樹木的縫隙之間瞧一瞧吧！

軟萌指數 ★★★★★

金龜子

牠們其實是獨角仙的近親。大多在白天時活動，會吃樹葉、樹液、花粉等植物。其中也有以動物的糞便等為食的種類。

金龜子（艷金龜）

大　小 ▶ 17～24mm
分　布 ▶ 日本（北海道～九州）、朝鮮半島、中國、臺灣
筆　記 ▶ 身體有綠有紅，顏色五花八門。主要以闊葉樹的葉子為食

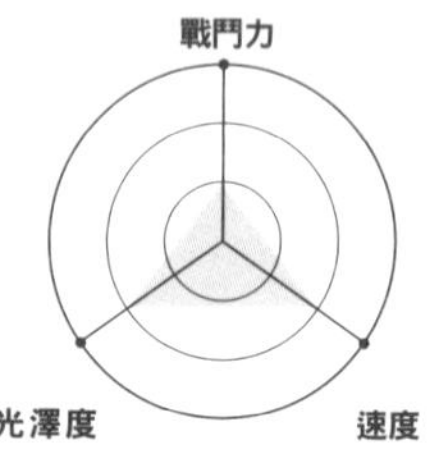

利用觸角探尋雌性的氣味

金龜子家族的觸角短小，朝向左右兩邊彎曲的前端有如扇子的形狀，是利用該器官在感知氣味。雄蟲會展開觸角的前端部分，感知遠處的雌蟲所散發出的氣味並找到牠們。

明明亮晶晶的，卻不會惹眼？

堅硬的前翅閃耀著各式各樣的顏色。這樣的結構看似相當顯眼，但其實是像鏡子一樣映照出周遭的景色，所以在森林裡反而一點也不引人注目。

金龜子的同伴們

大雪隱金龜

大　小▶ 14 ～ 22mm
分　布▶ 日本（北海道～九州）、東亞

會聚集在動物的糞便或屍體上等。依地區有各式各樣的體色，如紅、藍、綠等。

非洲糞金龜

大　小▶ 雄性 43mm、雌性 37mm
分　布▶ 非洲

將動物的糞便做成圓球，再以後腳滾動搬運的「糞金龜」的一員。會將卵產至糞球中，幼蟲從內部食糞成長。在古埃及被奉為神的使者，有著一段令人意外的過去。

神聖糞金龜與斜坡

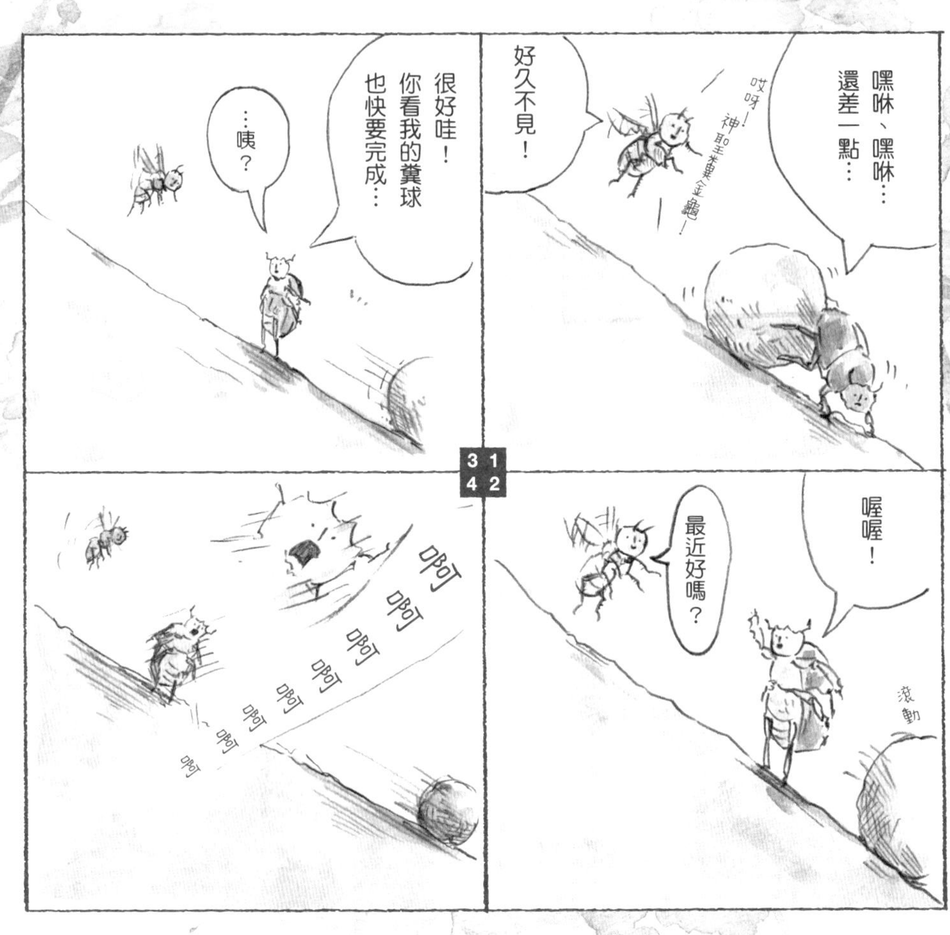

推糞時切勿隨便向牠們搭話哩

軟萌指數 ★★★

天牛

特徵是細～長的身體與長～長的觸角。有些種類的觸角甚至比體長還要長。從宛若枯葉或樹皮的樸素顏色，到帶有金屬光澤的鮮豔顏色都有。

琉璃星天牛

大　小 ▶ 18～29mm

分　布 ▶ 日本（北海道～九州）

筆　記 ▶ 會在櫸樹等遭砍伐的樹木或枯木裡產卵

名字的由來是「髮切蟲」

天牛的日文之所以叫做「髮切蟲*」，即源自於牠們擁有能把頭髮切斷般的強力顎部，另外也有「毛切蟲（ケキリムシ）」這樣的別稱。顎部既尖銳又有力，連小樹枝等物也能一口咬斷。

*譯註：天牛的日文為「カミキリムシ」。

喀嚓

從幼蟲時期顎的力量就十分厲害！

天牛家族不論成蟲還是幼蟲，顎部都相當強力。雌蟲為了產卵得在枯木上鑿洞，而幼蟲是吃樹木長大的，所以強大的顎部不可或缺！

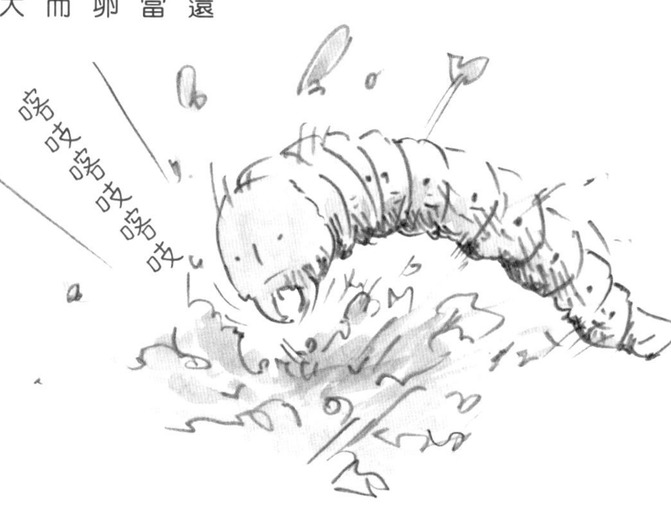

雖然很不甘心，但這些傢伙的顎力不同凡響⋯⋯

天牛的同伴們

中華紅天牛

大　小 ▶ 12～17mm
分　布 ▶ 日本（本州、四國、九州）、中國、朝鮮、東南亞

豔麗的紅色身體，胸部上有5個黑點。在白天時活動，常常在飛。成蟲是以栗樹或蔥等等的花蜜為食。雌蟲會將卵產在枯萎的竹子裡，幼蟲吃竹子長大。

苧麻天牛

大　小 ▶ 10～14mm
分　布 ▶ 日本（本州、四國、九州）、中國、東南亞

原先在日本沒有這個物種，一般認為是在江戶時代後期進口了一種叫「苧麻（Ramie）」的外國植物，才隨之引進了國內。在日本，苧麻天牛是吃苧麻及木槿等的葉子維生。

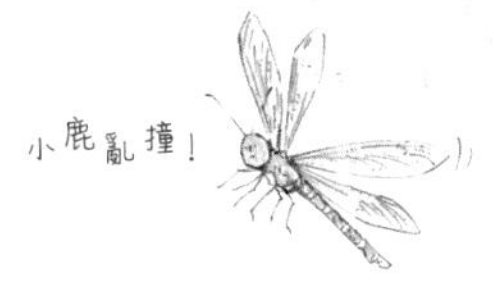

剪髮的蟲子　天牛

歡迎光臨！您要剪髮是嗎

嗯，對

今天會由新進人員來為您服務

好的！

撲通撲通

會是帥哥理髮師嗎…

小鹿亂撞

嗡嗡…

天牛…!?

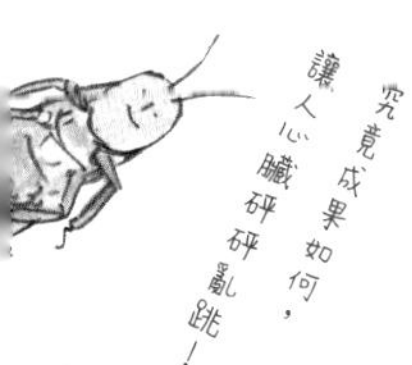

和昆蟲一起生活吧！

在公園或森林等地觀察昆蟲是一件令人愉快的事情。若進一步捕獲甲蟲進行飼育，便能針對頭角及顎部的活動方式、吃飼料的方式等進行更細膩的觀察。

如果要養獨角仙或鍬形蟲，市面上也有在販售相關的飼育道具。在飼育箱中倒入昆蟲專用土，再放入一些能夠供牠們攀附的粗木或樹皮等。飼料就用昆蟲果凍或香蕉等。但請不要給予水分較多的食物，像是西瓜等等。

若土太乾，就用噴霧器補充一點水分；若飼料減少了，就換上新的吧。如果在同一個飼育箱中放入太多甲蟲的話，恐會因為打架導致身體衰弱，所以一個箱子裡放一隻甲蟲就好了。如果想讓甲蟲產卵，就公、母各放一隻來飼育吧。

第 2 章

螞蟻與蜂們

群居生活的牠們平常是怎麼過的呢？

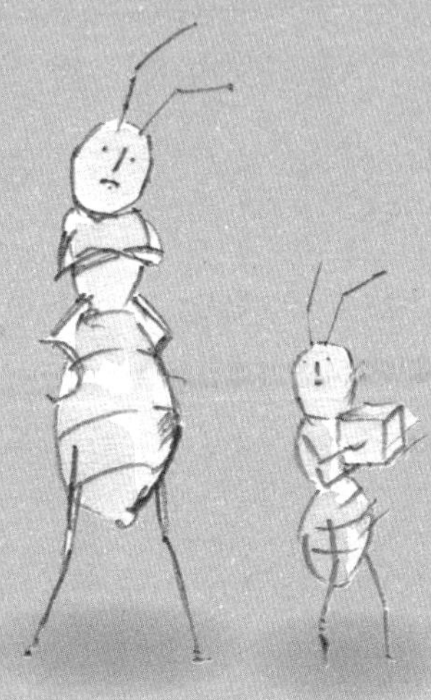

螞蟻

軟萌指數 ★★★★

手上的結束後
再去搬那邊的。

喔…。

用小小的身體搬運巨大糧食的身影，想必大家都不陌生。以蟻后為中心，巢穴裡的成員各司其職，與為數眾多的同伴過著群居生活。這種昆蟲就稱為「社會性昆蟲」。

日本弓背蟻

大　小 ▶ 7～12mm、蟻后17mm

分　布 ▶ 北海道～九州、中國、朝鮮半島

筆　記 ▶ 一個蟻巢中有數百～1000個個體在裡頭生活

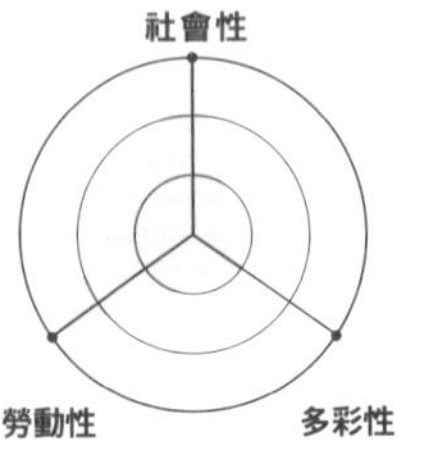

規模龐大的大家庭

若是規模較大的，一個巢中會有數千隻螞蟻組成大家庭一起生活。家族成員有蟻后，及其子女——工蟻、雄蟻、雌蟻。職務分配相當明確，感覺大家都挺辛苦的。

各自的工作

蟻后

一般就1隻。專心產卵。當蟻巢規模變大時，會生下將來成為女王的雌蟻

工蟻

全部都是雌性，負責照顧幼蟲、守衛蟻巢、採集糧食等，各司其職。週休零日，偶也會有偷懶的傢伙…

雄蟻

在蟻巢規模變大時誕生，會與從其他巢穴飛來的雌蟻交配

浪漫的結婚飛行!?

當蟻巢規模變大時，帶有翅膀的雌蟻和雄蟻便會誕生，飛往外面的世界，和其他巢穴的對象交配。雄蟻會死亡，而雌蟻在翅膀脫落之後，會以新女王的身分打造新的巢穴。

啊哈哈哈哈哈哈哈…

女王陛下自己築巢

新女王孤身一人打造巢穴、產卵、養育幼蟲，是位無所不能的堅強母親。直到工蟻出生以前牠都不會吃任何東西，還會溶解自己的身體脂肪拿來餵養幼蟲。

來拜訪螞蟻的巢穴囉。

大多數螞蟻都是在地面下築巢。蟻巢裡有很多房間，且各有用途。
就來窺看一下日本弓背蟻的巢中情況吧。

螞蟻的同伴們

美洲蜜蟻

大　小 ▶ 約 12mm
分　布 ▶ 澳洲

住在沙漠裡，以花蜜等為食。有一部分的工蟻會倒掛在蟻巢的天花板上，將其他工蟻採集而來的蜜儲存於腹部。在食物短缺的時期，會用口器餵蜜給其他螞蟻。

切葉蟻

大　小 ▶ 約 3 ～ 20mm
分　布 ▶ 中美洲～南美洲

工蟻會用大顎切取樹葉並搬運至巢穴。在蟻巢中，其他工蟻會把葉子咬碎用作肥料，栽培菇類並加以食用。除了葉子以外，有時也會搬運花朵。

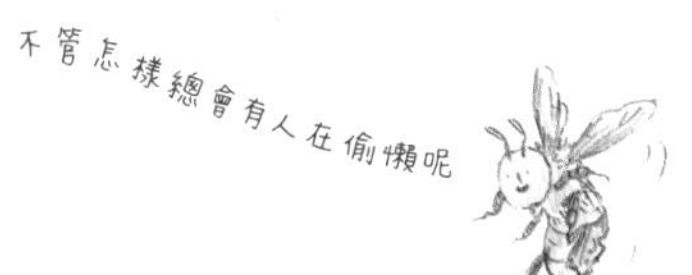

工蟻中的兩成

聽說螞蟻中有兩成在偷懶也沒關係唷

哇——那今天就來偷懶一下吧

走吧走吧

啊…

所有人都在偷懶…

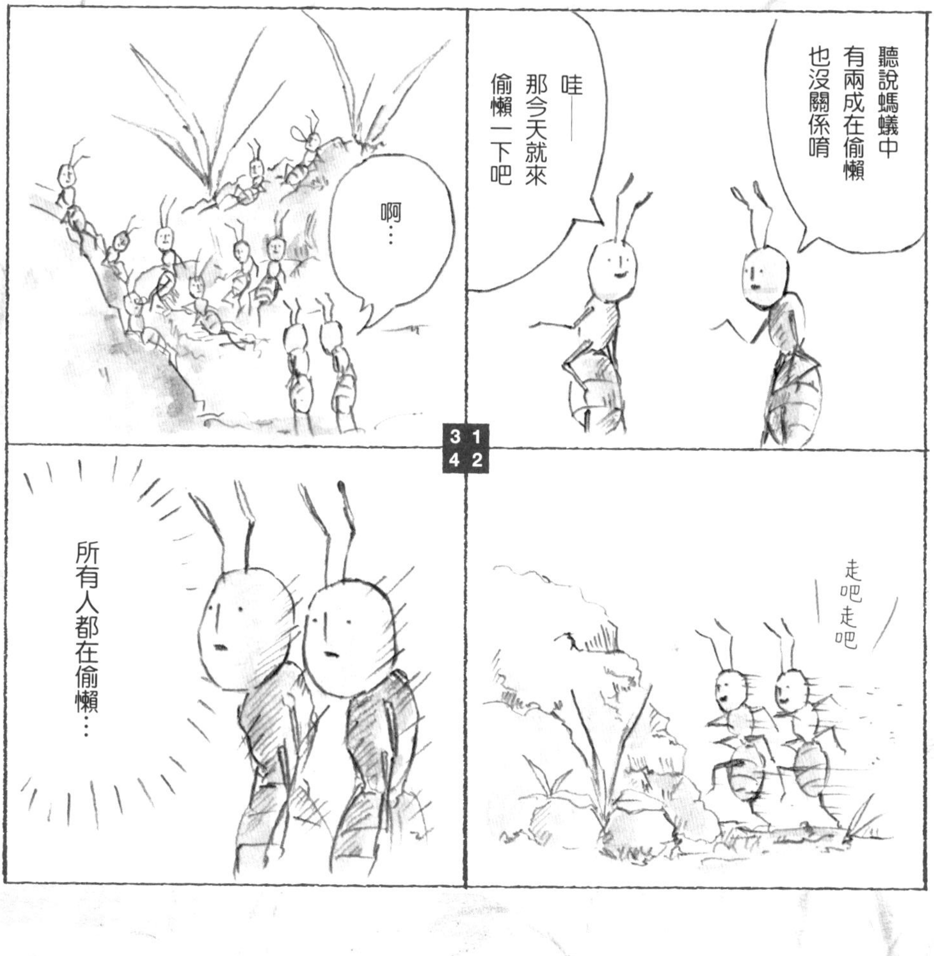

偶爾讓牠們放假休息一下好了

蜂

軟萌指數 ★★★

會刺人的蜂全部都是雌性！蜂的毒針是由產卵管特化而成，所以雄蜂無法螫刺。生活方式形形色色，從在巨大蜂巢裡生活的「社會性昆蟲」，到單獨築巢的種類都有。

東方蜜蜂（日本種）

大　小 ▶ 工蜂12～13mm、雄蜂15～16mm、蜂后17～19mm

分　布 ▶ 日本（本州、四國、九州）

筆　記 ▶ 會在樹洞等處築巢，以花蜜和花粉為食

和螞蟻一樣都是大家庭！

在蜜蜂的巢中，有1隻蜂后與數千至數萬隻的工蜂，以及數百隻的雄蜂。工蜂全部都是雌性，並負責採蜜、打掃蜂巢、照顧幼蟲等等。

蜜與花粉是這樣搬運的

工蜂使用舌頭吸取花蜜，放到位於腹裡的袋狀器官「蜜囊（蜜胃）」後，運送至蜂巢。之後以口器傳遞花蜜給其他工蜂，儲存在蜂巢裡。此外，在後腳上有個「花粉籃」，可將辛苦採集的花粉製作成「花粉團」並運至蜂巢。

蜂的同伴們

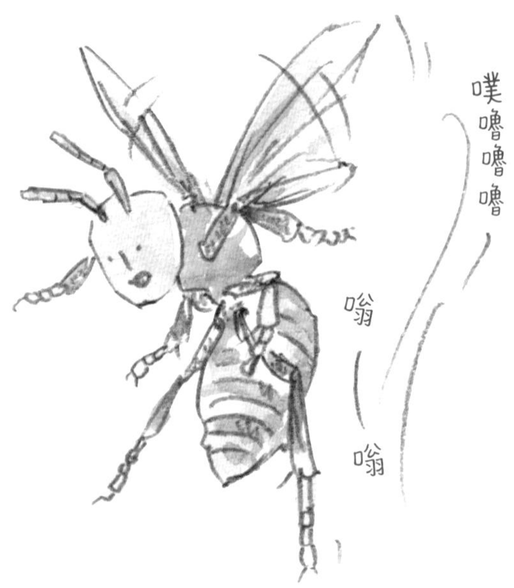

大虎頭蜂

大　小 ▶ 工蜂 27 ～ 37mm、
雄蜂 27 ～ 39mm、
蜂后 37 ～ 44mm

分　布 ▶ 日本（北海道～九州）

在虎頭蜂類當中是世界上最大的。攻擊性強，不會輕饒對蜂巢造成危害的事物。有時甚至會襲擊其他蜂巢並加以殲滅。會把遭到襲擊的昆蟲做成肉丸子餵給幼蟲吃。成蟲是以樹液和花蜜為食。

薔薇切葉蜂

大　小 ▶ 12 ～ 14mm

分　布 ▶ 日本（本州、四國、九州）、
中國、俄羅斯東部

單獨生活的蜂類。在竹筒或樹洞中築巢。會將玫瑰等的葉子切出一個圓片作為巢穴的材料，在裡面儲存要給幼蟲吃的花蜜與花粉並產下卵。

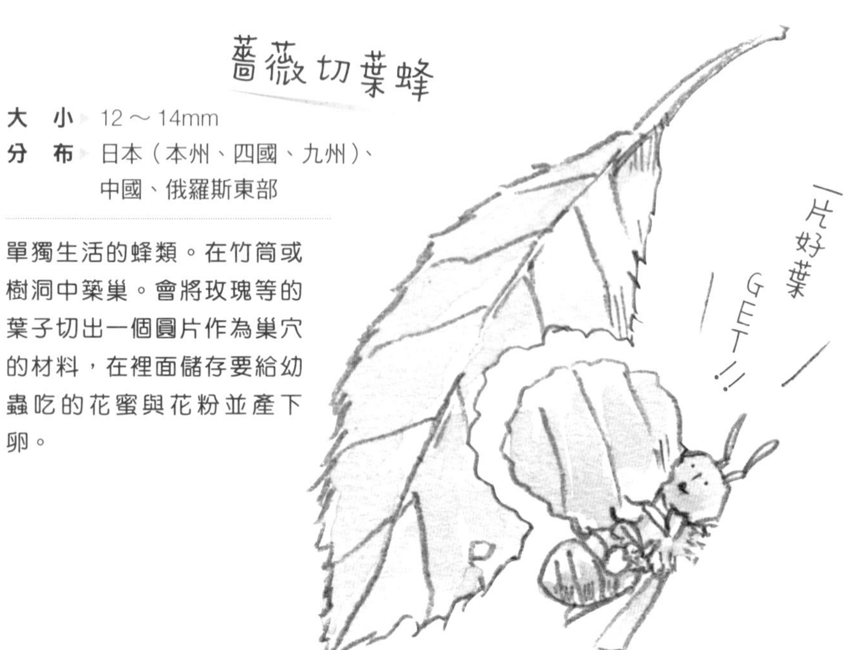

儘管如此還是
很可怕哇…

虎頭蜂的痛苦

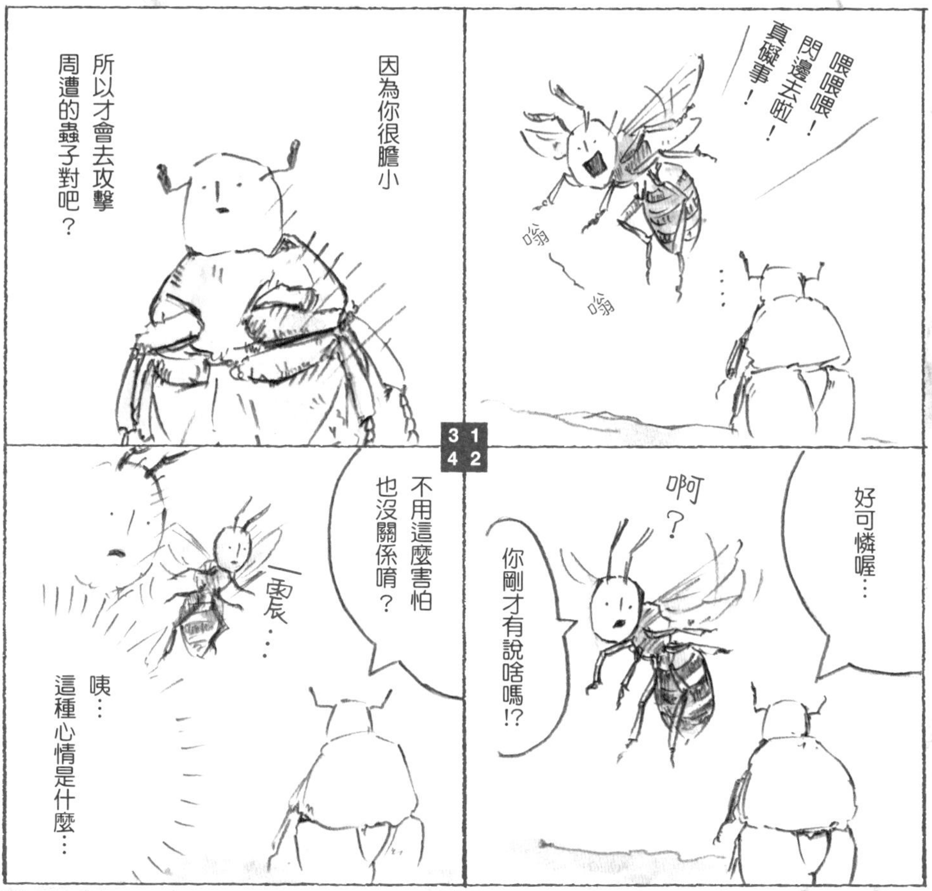

喂喂喂！
閃邊去啦！
真礙事！

嗡～嗡

…

好可憐喔…

啊？

你剛才有說啥嗎!?

因為你很膽小

所以才會去攻擊
周遭的蟲子對吧？

不用這麼害怕
也沒關係唷？

震…

咦…
這種心情是什麼…

林林總總的蜂巢

蜂根據種類不同，會建造各式各樣的蜂巢。

蜜蜂類會將自己身體分泌出的蠟與唾液混合，築出由許多六角形的房間組合而成的蜂巢。另一方面，胡蜂（虎頭蜂）的巢依種類不同，會有各式各樣的形狀。擬大虎頭蜂和細黃胡蜂的巢是渾圓的球狀，黃色胡蜂則是長圓形。大虎頭蜂的巢雖然也是長圓形，但因為在土中所以從外面看不到全貌。費邊胡蜂和黑尾虎頭蜂的巢則是吊鐘狀。

蜂巢是以嚼碎的樹皮與唾液混合製成，依材料不同，表面所呈現的模樣也會顯現出差異。切葉蜂類會使用切下的葉子和樹脂，在竹筒等處築巢。除此之外，也有在樹上鑿洞築巢的木蜂類，以及用泥土打造外形與注酒用的德利酒器*相似的巢的泥壺蜂（蜾蠃）等等。

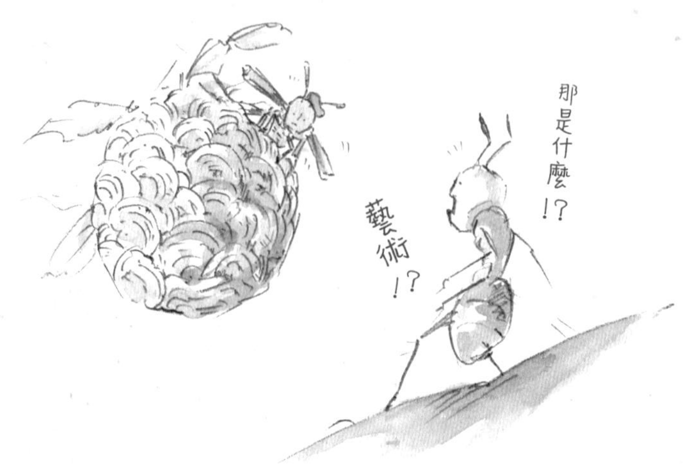

＊譯註：德利是瓶首纖細但瓶身膨大的一種容器，現今主要用來倒清酒。日本稱泥壺蜂為「德利蜂」。

第3章

蝴蝶與蜻蜓們

看起來很像卻又不一樣！？
舞於空中的蟲蟲們，各自的
特徵真有趣！

軟萌指數 ★★★★★

蝴蝶

從小小的卵中孵化而出，歷經幼蟲、成蛹的階段再轉變為美麗成蟲的模樣，可說是自然界不可思議現象的第一名！覆在翅膀及身體上的鱗粉，是從毛變化而來。優雅飛舞的身姿讓所有人都沉醉其中。

優雅地舞於繁花叢間！

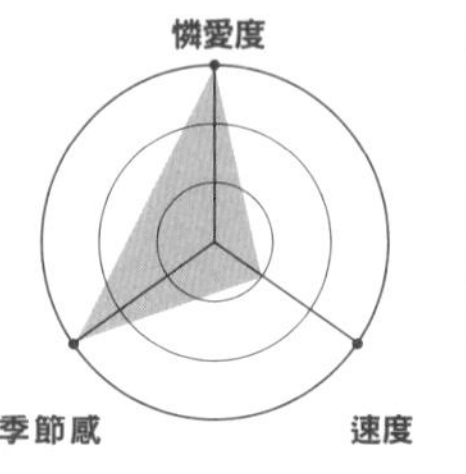

鳳蝶（柑橘鳳蝶）

大　小 ▶ 前翅的長度40～60mm

分　布 ▶ 日本（北海道～南西諸島）、中國、臺灣

筆　記 ▶ 日本各地經常可見。有春型以及更大的夏型

憐愛度

季節感

速度

有嚴重挑食傾向的幼蟲們

就像青條鳳蝶吃樟科，柑橘鳳蝶吃芸香科，白粉蝶則是吃高麗菜等十字花科，幼蟲所食用的食物種類是固定的。

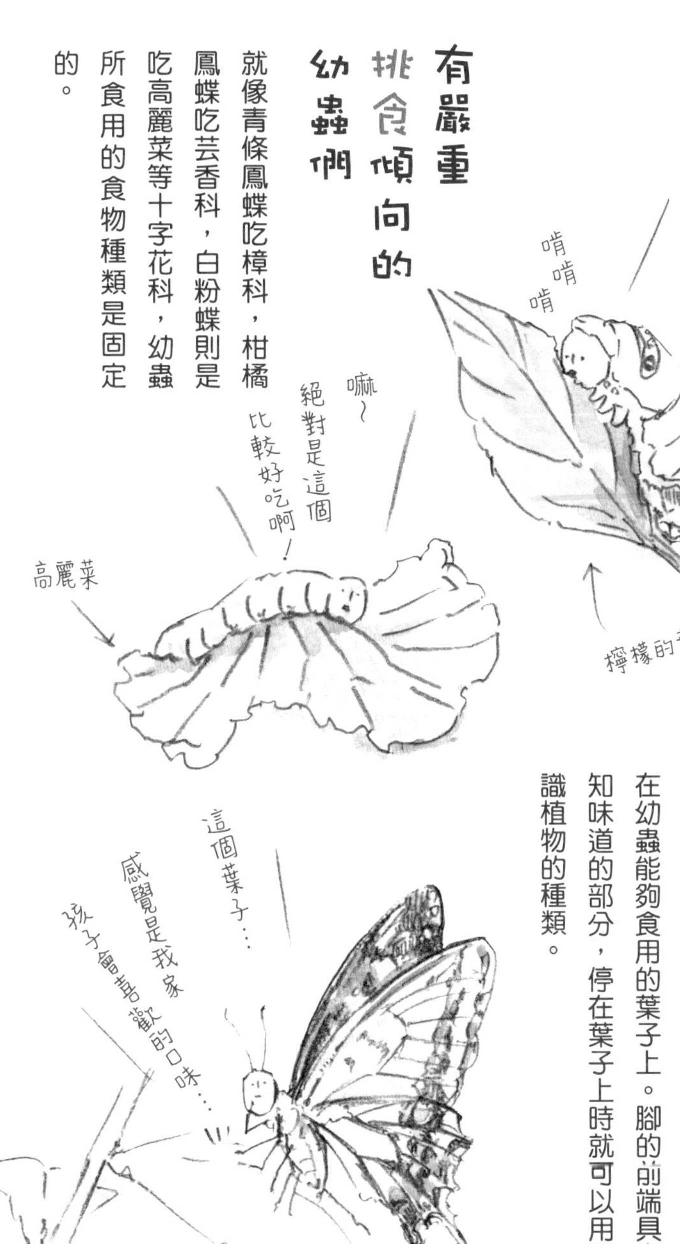

用腳就可以得知味道如何

為有嚴重挑食傾向的幼蟲著想，雌蟲會將卵產在幼蟲能夠食用的葉子上。腳的前端具有可感知味道的部分，停在葉子上時就可以用腳來辨識植物的種類。

蝴蝶的同伴們

嘿！我很漂亮吧？

一閃一閃亮晶晶

大美藍摩爾弗蝶

大　小 ▶ 前翅的長度
約 80mm

分　布 ▶ 秘魯

又藍又閃耀著光輝，在閃蝶當中屬於大型種類。並不是翅膀本身就帶有這種顏色，而是有凹有凸的鱗粉照射到光線時，看起來是藍色。裡側是相當樸素的茶褐色，有眼珠紋樣。

我的日文名字不叫枯葉蝶而是樹葉蝶*哦……

枯葉蝶

大　小 ▶ 前翅的長度
40 ～ 50mm

分　布 ▶ 日本（沖繩本島、石垣島、西表島）、中國、東南亞

靜止的時候，翅膀裡側的造型不管是顏色抑或形狀，看起來都跟枯葉沒兩樣！據說多虧於此，鳥等天敵不易發現其蹤影。通常是頭朝下倒過來停駐的情形比較多。

＊譯註：枯葉蝶的日文為「コノハチョウ（木葉蝶）」而非「カレハチョウ（枯葉蝶）」。

蝴蝶的羽化

各位，一直以來謝謝你們！

哇！你羽化了耶！

我走囉！準備飛往夢想中的天空！

加油——

啪

起飛了哇啊啊啊!!!

不行!!

我怕高啊!!

……。

軟萌指數 ★★★★★

蛾

雖然蛾給人一種於夜晚聚集在路燈下的夜行性動物的印象，但也有於白天活動的種類。和蝴蝶是近親，在日本有250種蝴蝶，相對於此，據說蛾可是有多達6000種以上呢。

大水青蛾

大　小 ▶ 前翅的長度50～75mm

分　布 ▶ 日本（北海道～九州）、東亞

筆　記 ▶ 幼蟲會吃櫻樹、栗樹等的葉子，成蟲在春天及夏天時現身

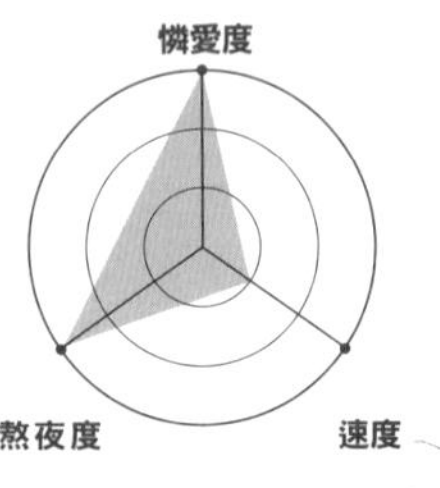

「夜晚的蝴蝶」就是在說蛾呢

蝴蝶與蛾
並無非常顯著的差別

蝴蝶與蛾雖然是近親，但觸角的形狀及活動的時間帶仍有差異。話雖如此，也有很多例外，沒有辦法將兩者做出非常明確的區分。

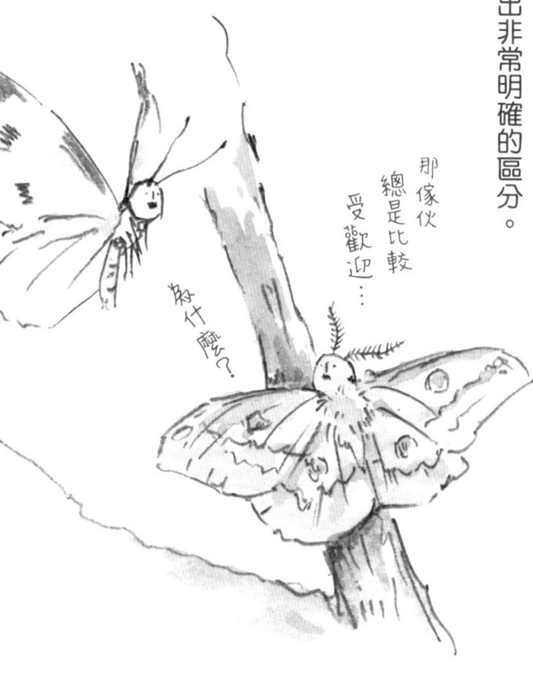

大部分的蛾都是夜行性

大多數的蛾都是夜行性，所以雄蟲與雌蟲若要相遇，得依循雌蟲所散發出的氣味。由於是仰賴觸角感知氣味，所以蛾的觸角大多是呈現羽毛或梳子般的形狀。

總覺得讀書之類的事情在晚上比較難集中精神？

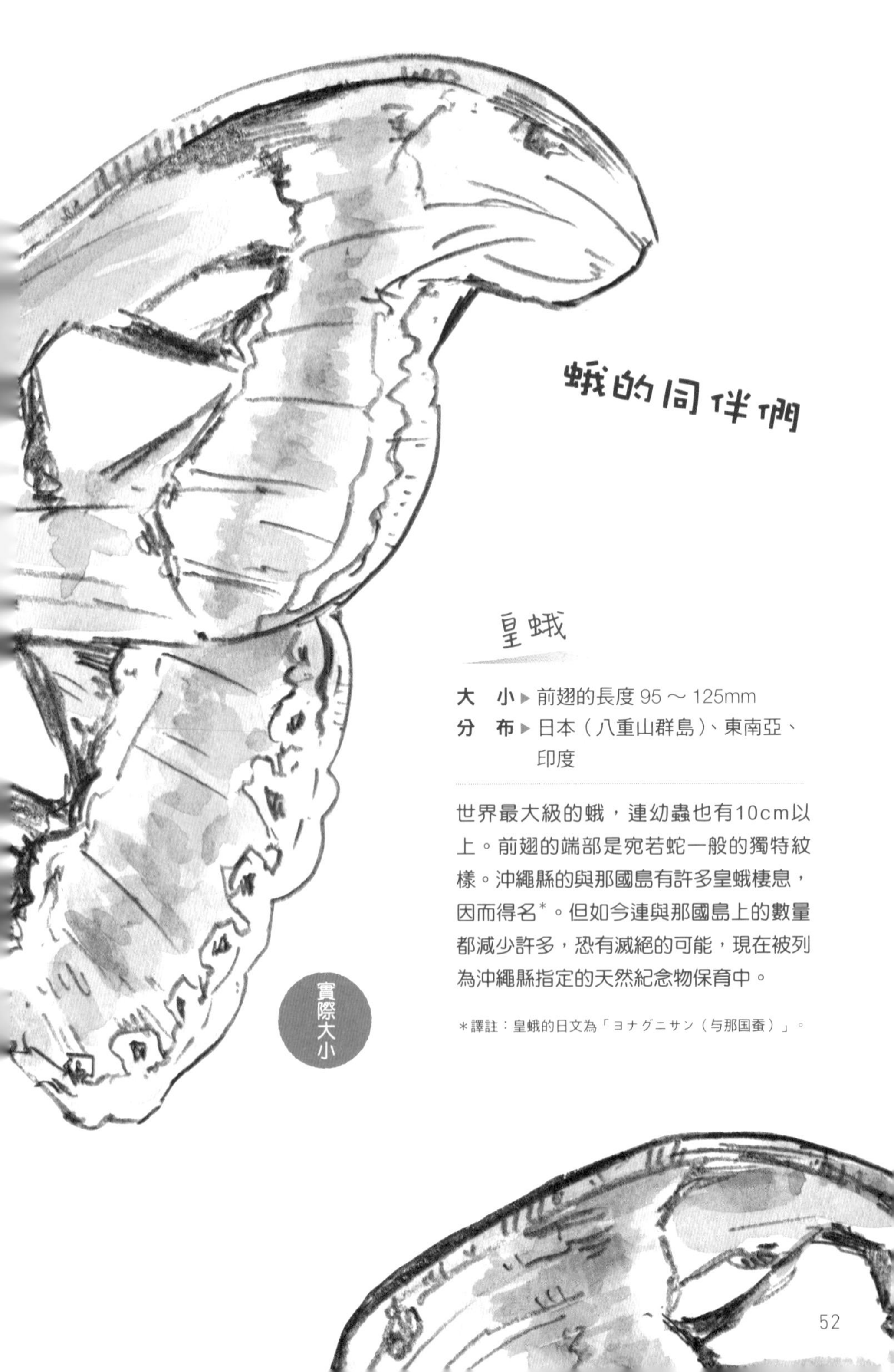

蛾的同伴們

皇蛾

大　小▶前翅的長度 95～125mm
分　布▶日本（八重山群島）、東南亞、印度

世界最大級的蛾，連幼蟲也有10cm以上。前翅的端部是宛若蛇一般的獨特紋樣。沖繩縣的與那國島有許多皇蛾棲息，因而得名*。但如今連與那國島上的數量都減少許多，恐有滅絕的可能，現在被列為沖繩縣指定的天然紀念物保育中。

實際大小

＊譯註：皇蛾的日文為「ヨナグニサン（与那国蚕）」。

這就是我們
真正的大小

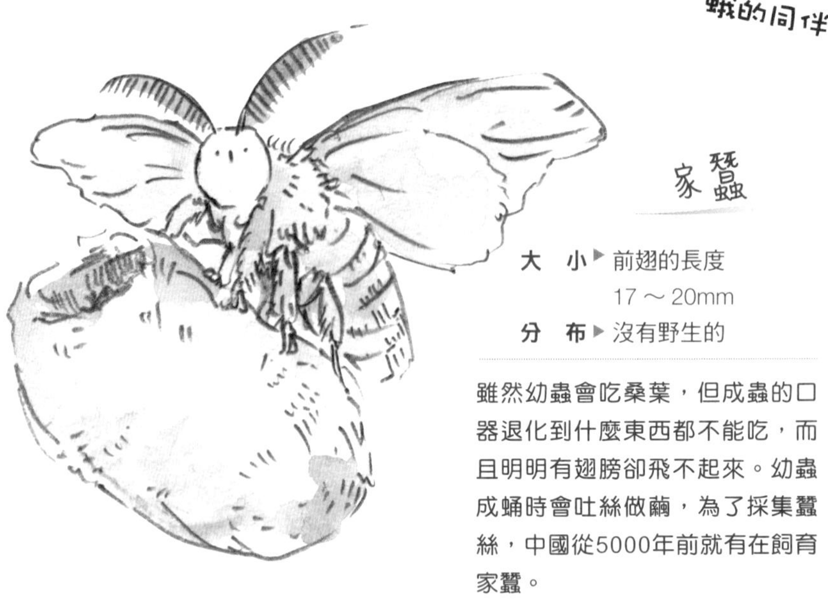

大　小▶前翅的長度
17～20mm

分　布▶沒有野生的

雖然幼蟲會吃桑葉，但成蟲的口器退化到什麼東西都不能吃，而且明明有翅膀卻飛不起來。幼蟲成蛹時會吐絲做繭，為了採集蠶絲，中國從5000年前就有在飼育家蠶。

家蠶大人與蠶絲

從一個繭中約可採集長達1500m的美麗蠶絲，身為如此寶貴的昆蟲，在日本的家蠶從以前就被人們稱作「家蠶大人（おカイコ様）」且備受珍視。當家蠶開始做繭時，有些地區甚至還會準備糰子或麻糬舉辦慶祝活動呢。

蛾的告白

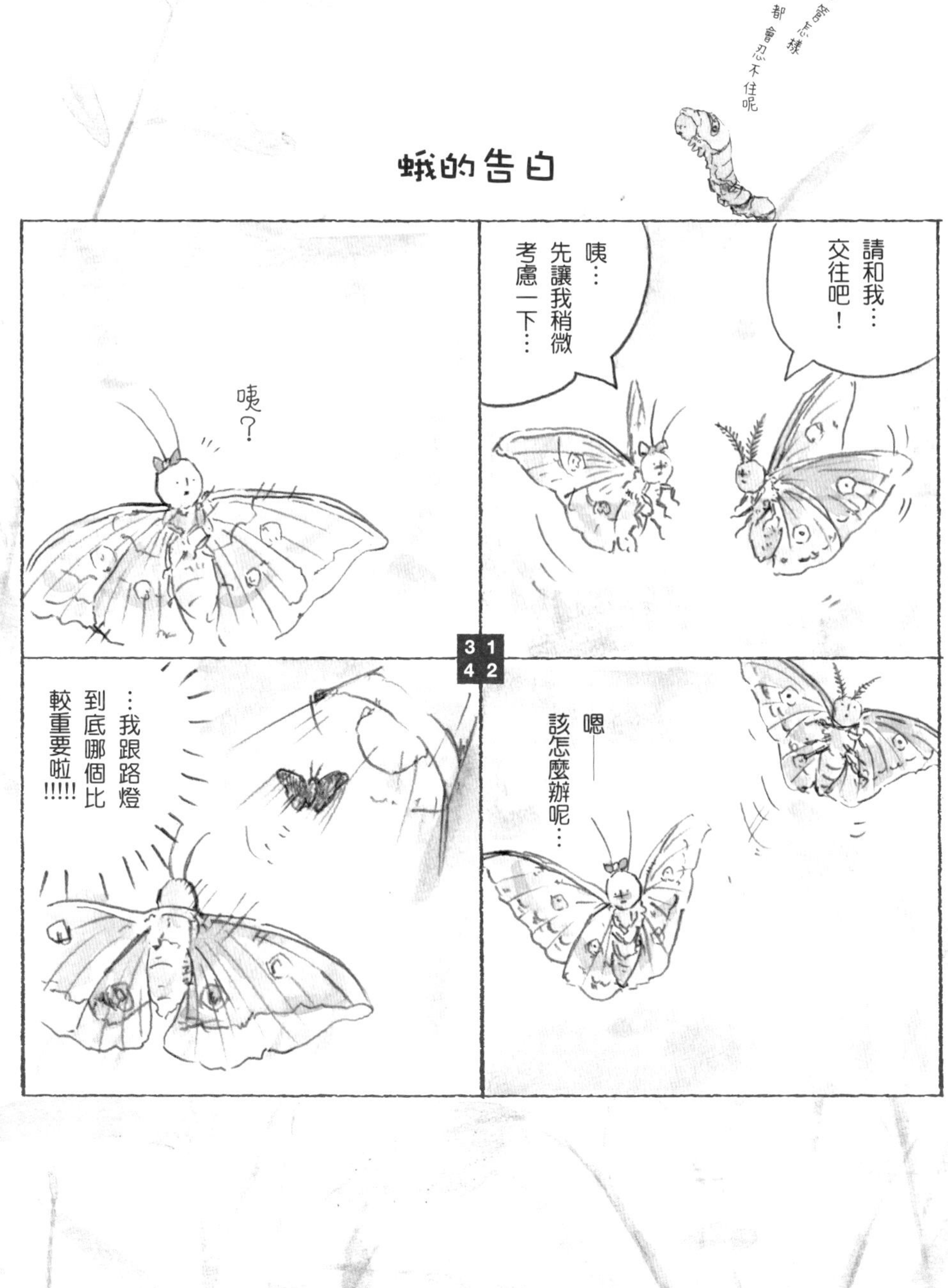

軟萌指數★★★★

蜻蜓

萊特兄弟也是令人驚嘆的飛行員！

若論飛行技巧，在昆蟲界無人能出其右。利用巨大的4片翅膀，自由迴旋於廣闊的天空中。名字的由來跟「飛羽」、「飛棒」等有關*，有諸多說法。

秋赤蜻（秋茜蜻蜓）

大　小▶約40mm
分　布▶日本、東亞
筆　記▶在平地羽化後，移往山地度過夏天。秋天時會返回平地進行交配、產卵

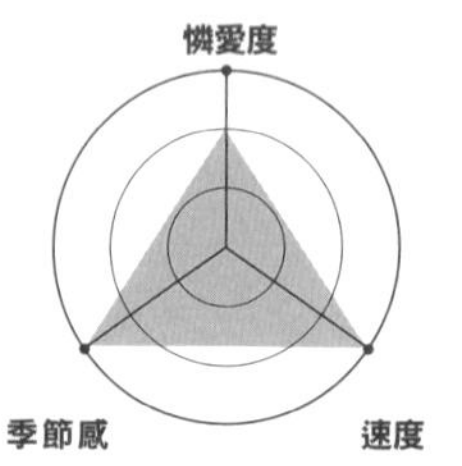

＊譯註：蜻蜓的日文為「トンボ」，可能是從「飛羽」、「飛ぶ棒」轉變而來。

昆蟲界最優秀的飛行技術！

高超飛行能力的秘密就在於能夠交互著拍動前翅與後翅。依種類不同，有些蜻蜓還可以做出高速飛行、急速迴旋、懸停等動作。

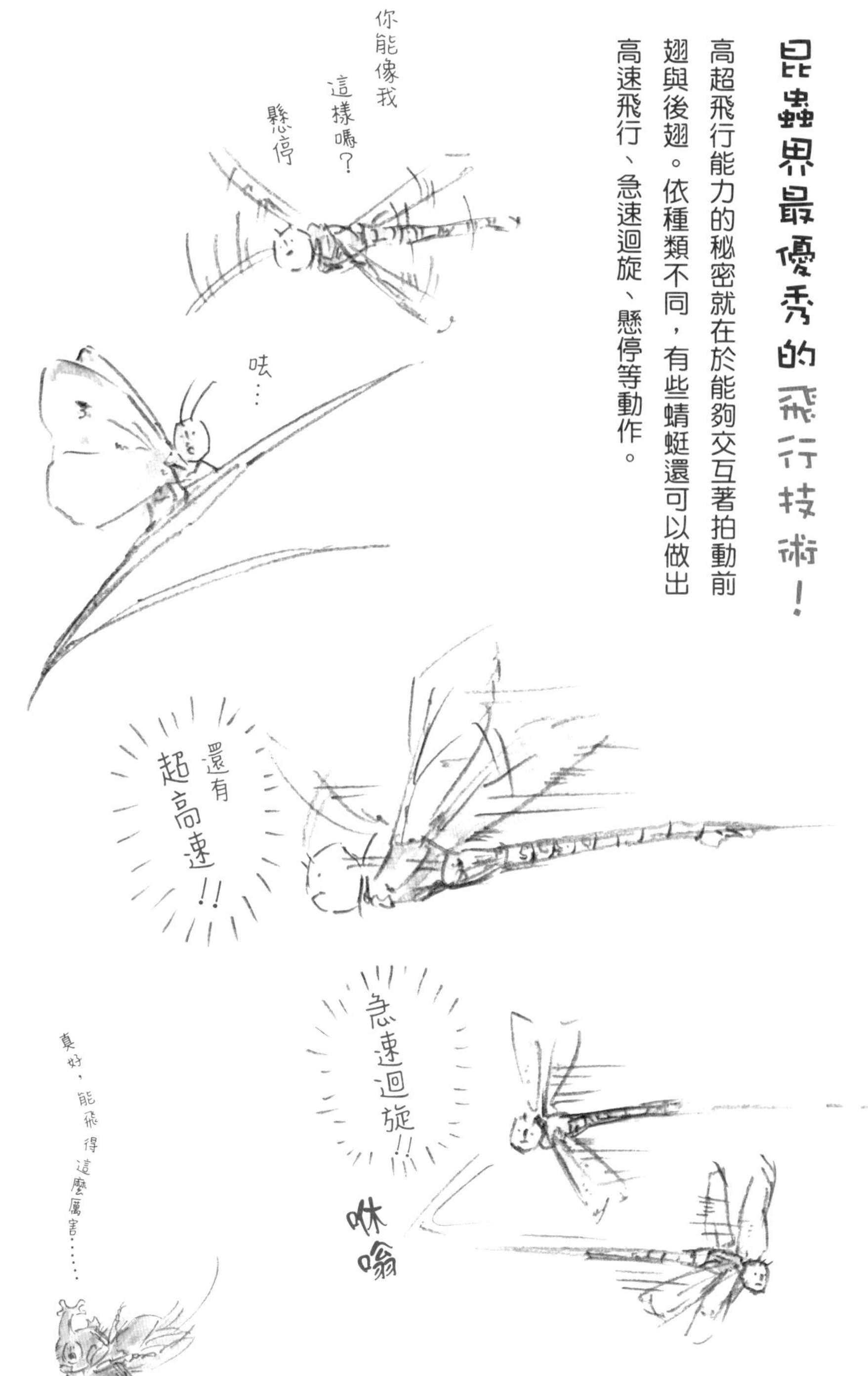

你能像我這樣懸停嗎？
呿……
還有超高速!!
急速迴旋!!
咻嗡
真好，能飛得這麼厲害……

我知道你們
在我背後哦…

咦！

為什麼會知道!?

高人一等的視野與動態視力！

蜻蜓的大眼睛是由約2萬個小眼所構成的「複眼」。具有寬廣的視野和捕捉快速移動的物體的能力，就連邊飛行邊捕捉小蟲都做得到。

蜻蜓會頭昏眼花？

若在靜止的蜻蜓眼前轉動手指，有時蜻蜓會一直盯著手指頭看。一般認為這不是因為牠們看到頭暈目眩，興許是在仔細觀看那動來動去的物體究竟是不是獵物。

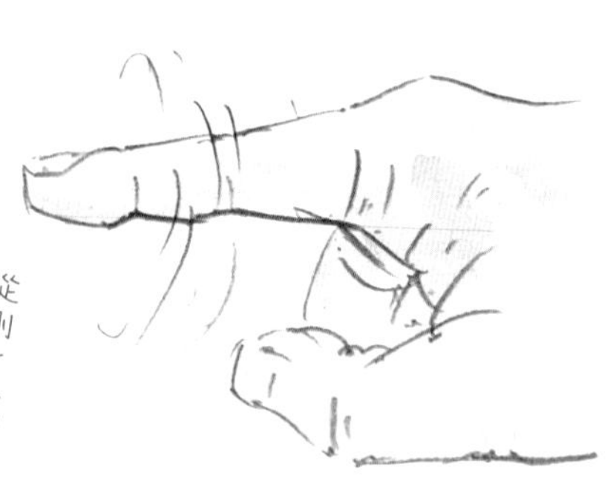

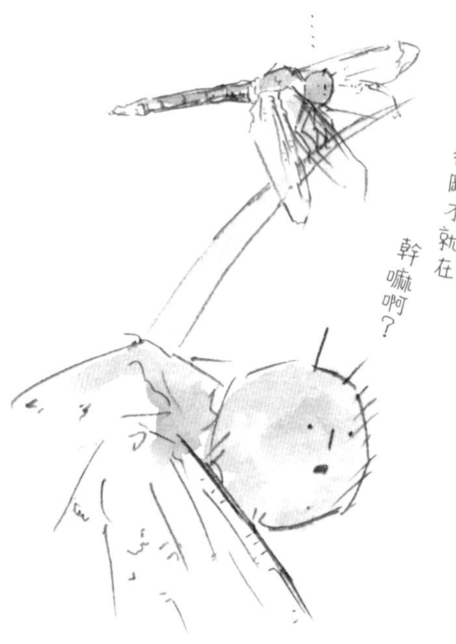

從水裡前往空中

蜻蜓的幼蟲「水蠆」會在水裡蟄伏並捕食昆蟲或小魚等。依種類不同，會利用池塘、沼澤、河川、汽水域等各式各樣的環境。最後羽化成蟲，朝天空振翅飛翔。

蜻蜓的同伴們

無霸勾蜓

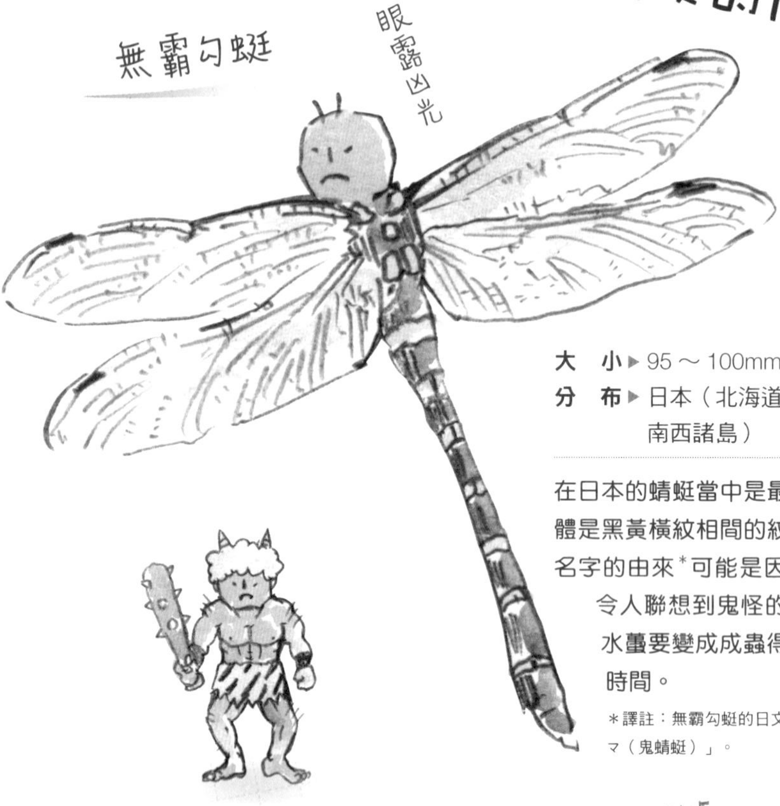

眼露凶光

大　小▶ 95～100mm
分　布▶ 日本（北海道～九州、南西諸島）

在日本的蜻蜓當中是最大的。身體是黑黃橫紋相間的紋樣。據說名字的由來*可能是因為那紋樣令人聯想到鬼怪的兜襠布。水蠆要變成成蟲得花上數年時間。

＊譯註：無霸勾蜓的日文為「オニヤンマ（鬼蜻蜓）」。

翡翠豆娘

大　小▶ 約 40mm
分　布▶ 日本（北海道～九州）、東亞、歐洲

身體細長，背部至腹部呈現帶有金屬光澤的綠色。分布在平地至山地的沼澤及濕原等。交配的時候雄蟲和雌蟲會相連在一起變成心形，是種有如童話故事般夢幻的蜻蛉。

蜻蜓計程車

慘了！要遲到啦

你願意的話可以坐在我身上。

咦！可以嗎!?

保證讓你趕上

請緊緊地抓好喔。將以時速100km飛行

100km!?

!!

衝

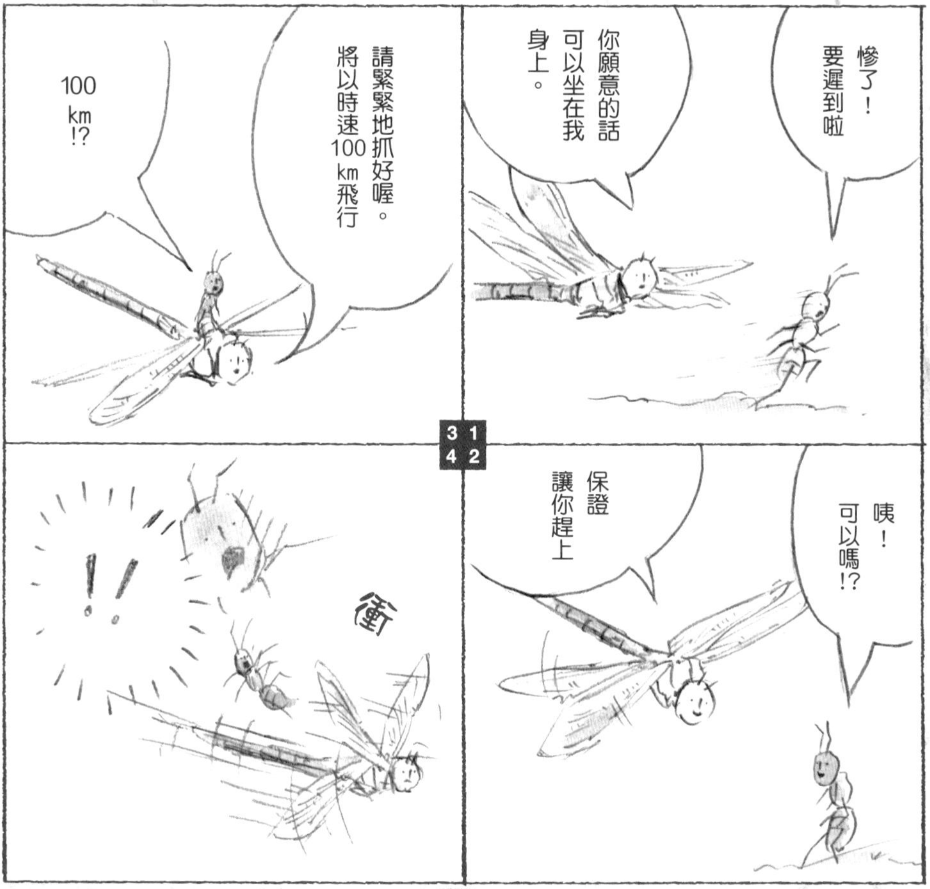

來看看鳳蝶的羽化吧！

如果想找鳳蝶的話，可以試著在春夏之際尋覓芸香科植物樹葉上的幼蟲。幼蟲的時期總共2～3週，小小的幼蟲長得像鳥糞般白白黑黑的。經過4次蛻皮階段的五齡幼蟲會變成綠色。發現幼蟲的話，就將帶葉的柑橘枝條放入裝了水的杯子或小瓶子裡，再整個放進飼育箱吧。為避免幼蟲掉入杯水當中，請用面紙塞住開口處。當柑橘葉變少了，就要替換新的枝條進去。

變成五齡幼蟲之後，過1週左右就會成蛹，再花1～2週羽化。能見其身體表面漸漸透出翅膀的顏色時，就是羽化將至的徵兆。在羽化完成之前，請事先確保有足夠的空間可供蝴蝶伸展翅膀。

羽化大多發生在深夜至清晨的這段期間，早點起床觀察吧。

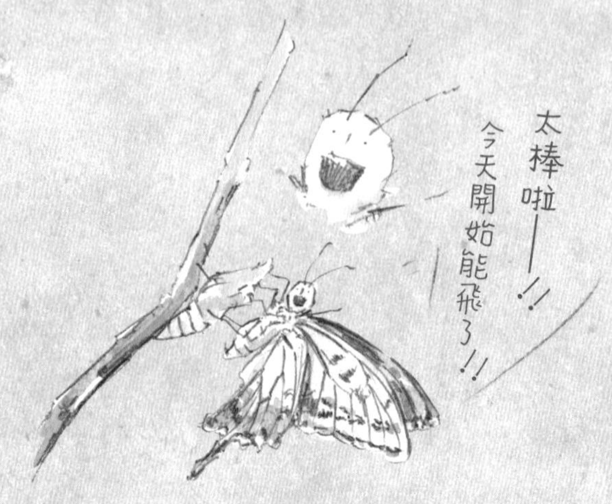

第4章

螳螂與蚱蜢們

在草木之間或空地上能見到牠們，本章將介紹大家熟悉的蟲蟲！

螳螂

軟萌指數★★

在我面前
萬物都是獵物。

倒三角形的臉上長著一對大大的複眼，以鐮刀般的前腳捕獲昆蟲的身姿，簡直就是一位孤高的獵人！有時候雌蟲還會吃掉想與自己交配而接近的雄蟲，或是啃了正與自己交配的雄蟲呢……。

枯葉大刀螳

大　小▶70～95mm

分　布▶日本（本州、四國、九州、南西諸島）、中國、東南亞

筆　記▶在日本現有的螳螂當中是最大的。白天與夜晚都會活動

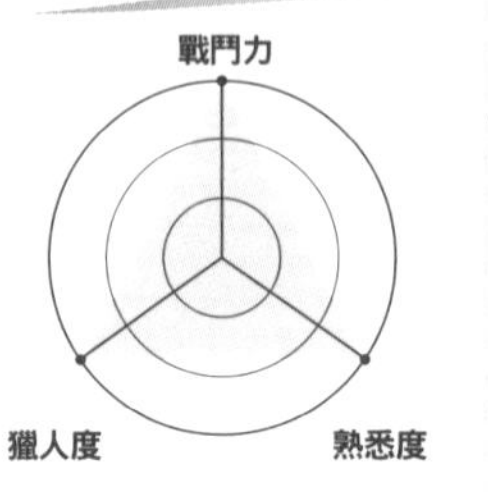

呀——！要是被這對鐮刀抓住就是臨終之際了

被泡泡守護的卵

結束交配的雌蟲會在植物的莖或枝條上產卵，用黏稠的泡狀物將卵包覆住。經過數小時後泡泡會凝固變硬，保護卵免於衝擊、低溫、乾燥等影響。

一個卵泡生出200隻!?

春天是卵孵化的季節。從一個卵泡當中，竟然可以生出多達200隻以上的幼蟲呢。出生時長得跟父母親一樣，得重複好幾次蛻皮才能漸漸變為成蟲的牠們，其實當中能平安長大的屈指可數。因為這是個極為嚴峻的世界。

看來似乎不擅長飛行呢

雄蟲的身體纖細，在追求雌蟲或追捕餌食時會活潑地飛來飛去。反觀雌蟲，因為要產卵所以體態偏大，要想順利飛行是有些困難的。感覺雌蟲的翅膀好像沒什麼用處，但其實還能展開來威嚇外敵，有這種令人意外的活用方法。

隱匿氣息 悄然接近獵物

在螳螂的狩獵當中最重要的就是「忍耐」與「瞬發力」。牠們藏身於葉子上或花朵附近，埋伏著靜待獵物上門。一發現獵物，就會輕巧地偷偷靠近不讓對方發現，然後用引以為傲的鐮刀一口氣捕捉到手。

你現在是蚱蜢！

順利避開潛伏在草木之間的螳螂，
努力前往對面吧！
總共有幾隻螳螂躲在這裡呢？

 答案在68頁！

螳螂的同伴們

螳螂界的模仿王者 1

蘭花螳螂（幼體）

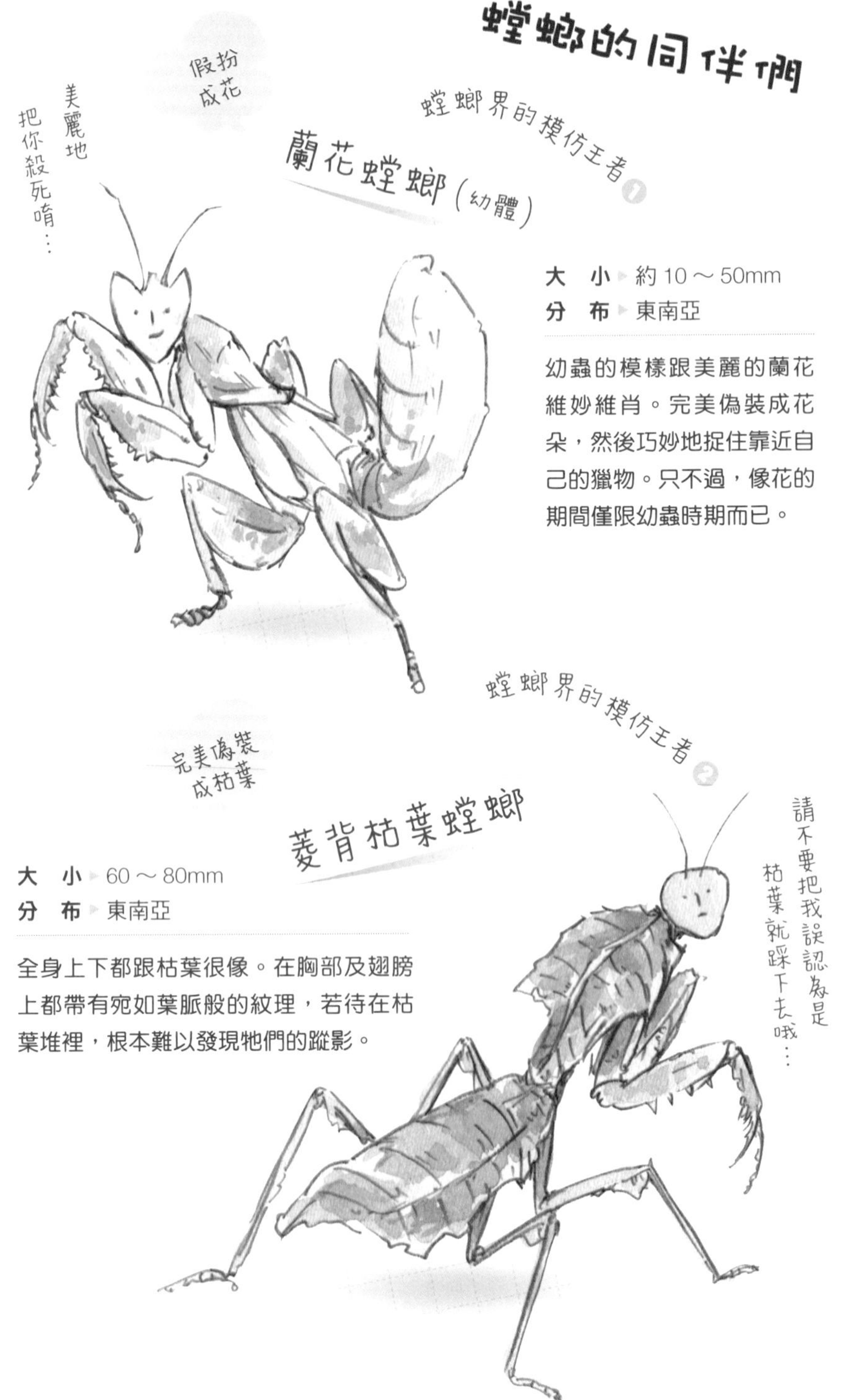

大　小 ▶ 約 10 ～ 50mm
分　布 ▶ 東南亞

幼蟲的模樣跟美麗的蘭花維妙維肖。完美偽裝成花朵，然後巧妙地捉住靠近自己的獵物。只不過，像花的期間僅限幼蟲時期而已。

螳螂界的模仿王者 2

菱背枯葉螳螂

大　小 ▶ 60 ～ 80mm
分　布 ▶ 東南亞

全身上下都跟枯葉很像。在胸部及翅膀上都帶有宛如葉脈般的紋理，若待在枯葉堆裡，根本難以發現牠們的蹤影。

67 頁答案　10 隻。有找到嗎？

說螳螂的壞話

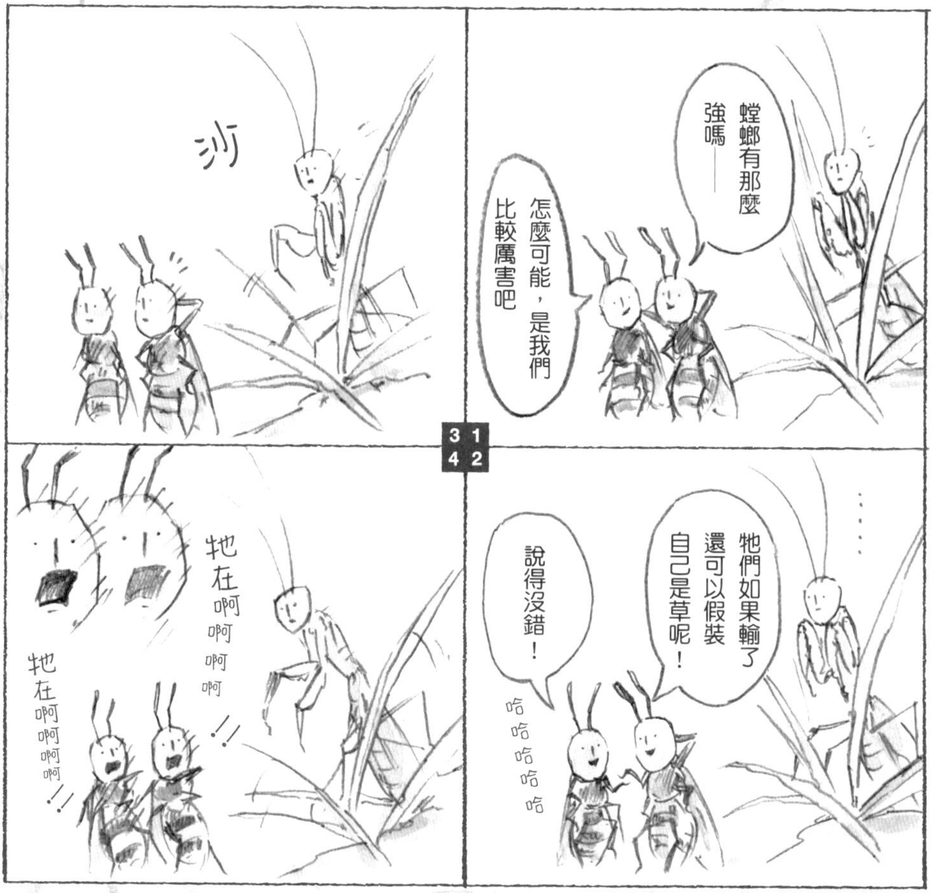

螳螂有那麼強嗎——

怎麼可能，是我們比較厲害吧

……

牠們如果輸了還可以假裝自己是草呢！

說得沒錯！

哈哈哈哈哈

沙

牠在啊啊啊啊!!

牠在啊啊啊啊!!

蜂跟螳螂哪一方比較強呢？

果然還是螳螂吧

軟萌指數★★★

蚱蜢

超級大跳躍的秘密，就在於那對發達無比的後腿。牠們有著粗短的觸角，會用強健的大顎嚼碎植物。在日本是以綠色及褐色的蚱蜢居多，但世界上還存在著其他顏色更豐富的種類。

亞洲飛蝗

大　小▶35～65mm

分　布▶日本（北海道～南西諸島）、歐亞大陸、非洲

筆　記▶又大又有威嚴的模樣是名字的由來。別名「大名飛蝗」*

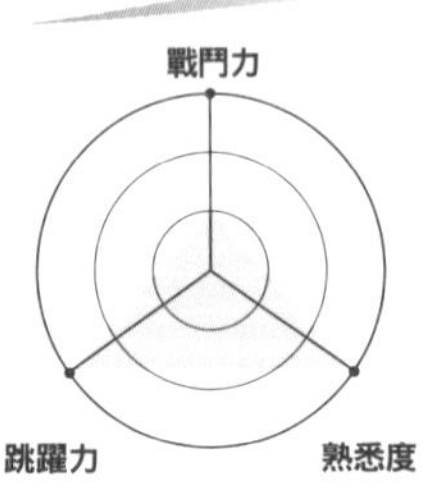

*譯註：亞洲飛蝗的日文為「トノサマバッタ（殿樣飛蝗）」，別名「ダイミョウバッタ（大名飛蝗）」。

昆蟲的成長方式有3種。其一是像獨角仙或蝴蝶那樣，幼蟲成蛹後再變為成蟲的「完全變態」；其二是像蚱蜢或螳螂等等，不會成蛹，歷經數次蛻皮過程變為成蟲的「不完全變態」；其三則是像衣魚這種，即使變為成蟲，樣貌也幾乎不太有變化的「無變態」。

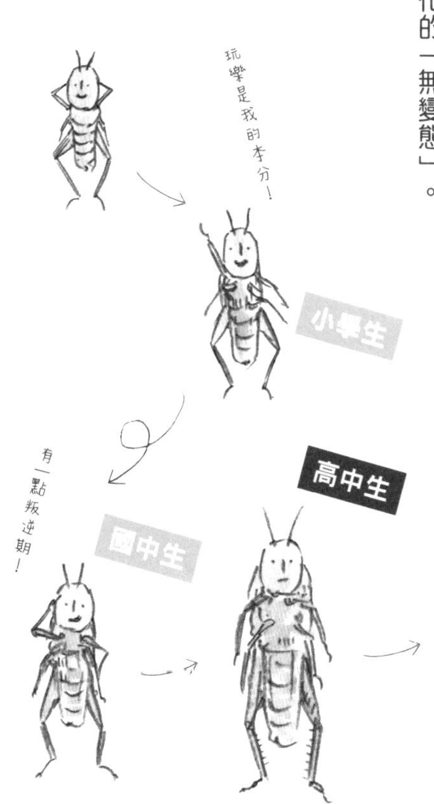

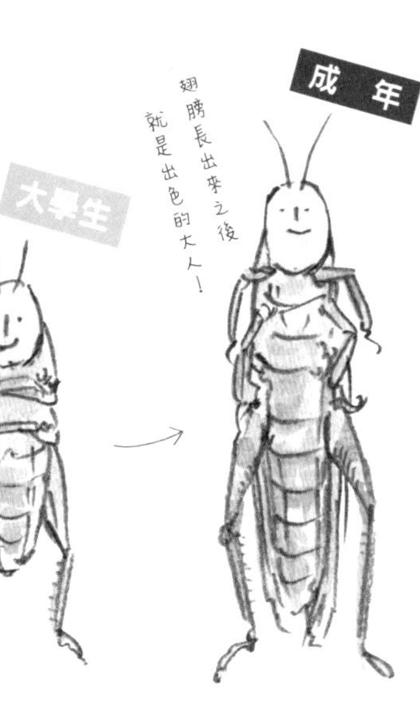

其實會進行長達100公里以上的大遷徙！

在蚱蜢當中，也有會集結成群進行長距離大遷徙的種類。沙漠蝗蟲甚至可以在1天之內進行長達100公里以上的大遷徙！移動時的體色是褐色的。

唧、唧、唧、唧

唭唧唭唧

唭唧唭唧

而且，其實會鳴叫

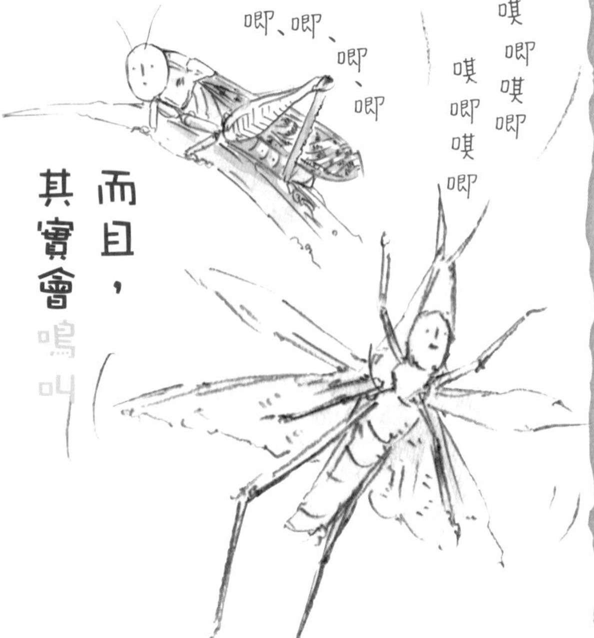

蚱蜢依種類不同，發出聲音的方式有所差異。雄中華劍角蝗在飛行時，會摩擦前翅及後翅發出「唭唧唭唧……」的聲音；亞洲飛蝗則會摩擦前翅及後腳發出「唧、唧……」的聲音。

蚱蜢的同伴們

大　小 ▶ 35～50mm
分　布 ▶ 亞洲、非洲

平常是獨自過活且身體呈現綠色，可是一旦糧食不足就會開始集結成群，生出褐色的個體。形成飢餓集團進行大遷徙，將沿途土地上的植物啃食殆盡。

令人畏懼的100億隻飢餓軍團

成群的沙漠蝗蟲數量至多可達100億隻。龐大的集團可行進長達5000km。牠們一邊飛行一邊將沿途的花朵、果實、菜葉通通吃抹乾淨，對農業帶來巨大衝擊，引發糧食不足與飢荒等災情。

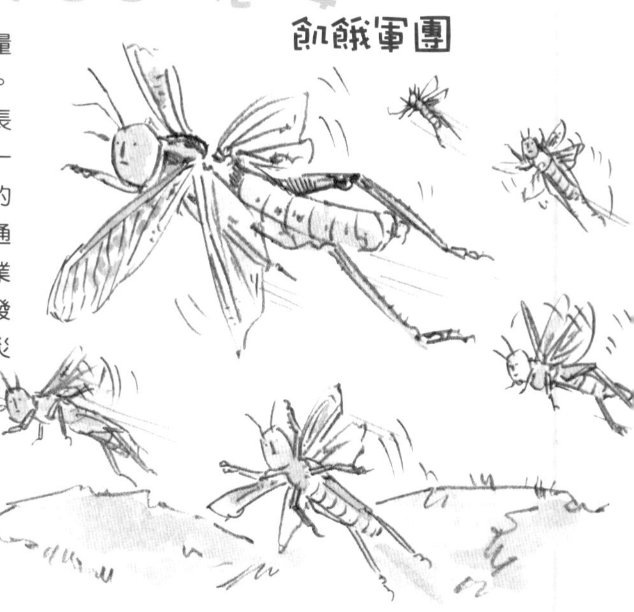

長額負蝗

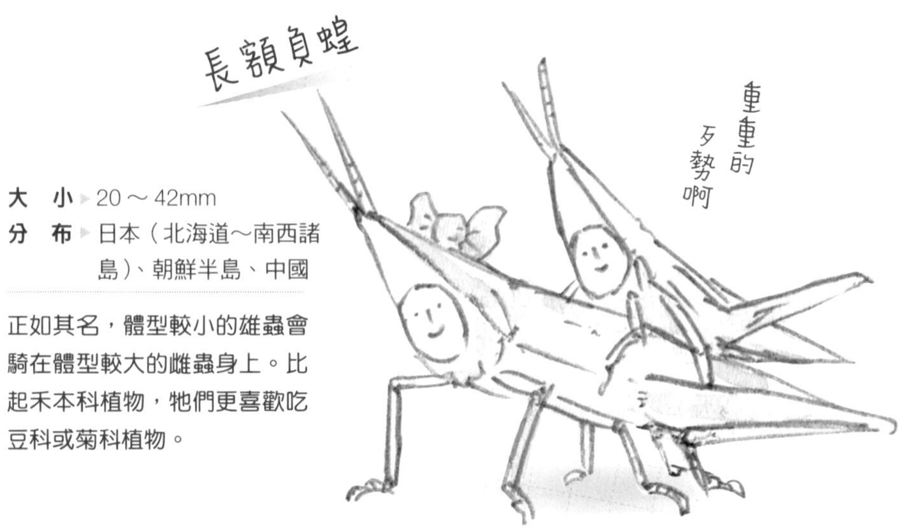

大　小 ▶ 20～42mm
分　布 ▶ 日本（北海道～南西諸島）、朝鮮半島、中國

正如其名，體型較小的雄蟲會騎在體型較大的雌蟲身上。比起禾本科植物，牠們更喜歡吃豆科或菊科植物。

河原蝗

大　小 ▶ 25～43mm
分　布 ▶ 日本（本州、四國、九州）

如其名所示居住在川邊石岸，特別是中游的寬廣河岸。全身上下呈現和石頭、沙子相似的顏色，所以很難發現牠們的蹤影。雖然外觀不怎麼樣，但飛行時可以見到那帶有美麗天空色的後翅。

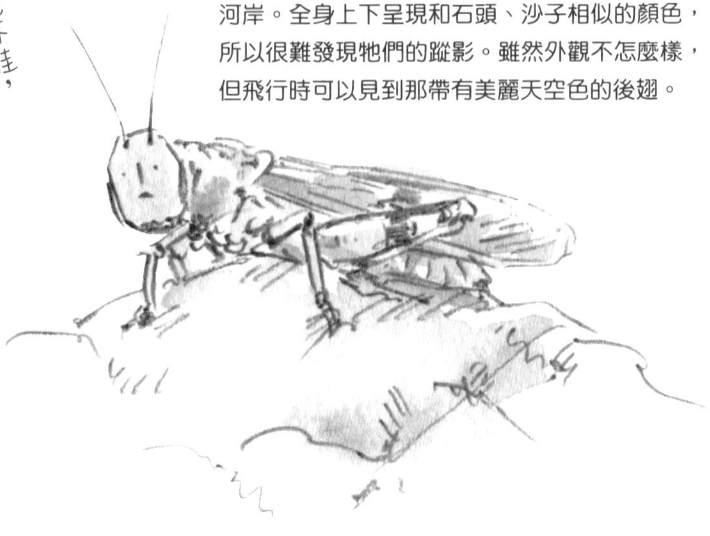

雖然氣色不佳，但我很健康。

要是吵架了
雌蟲穩贏吧

昆蟲界
常有的事

長額負蝗的介紹

軟萌指數★★★★

鈴蟲

秋夜是
我的演奏會！

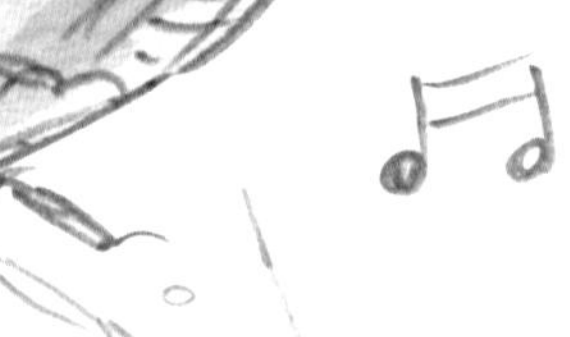

秋天鳴蟲的代名詞。似乎是從平安時代開始就已經有人在飼養鈴蟲，正是為了聆聽那如鈴般悅耳美麗的鳴叫聲。

鈴蟲

大　小▶15～17mm

分　布▶日本（本州、四國、九州）、東亞

筆　記▶以昆蟲蛻去的殼及屍體、植物的葉子等為食。8～9月時能聞其聲

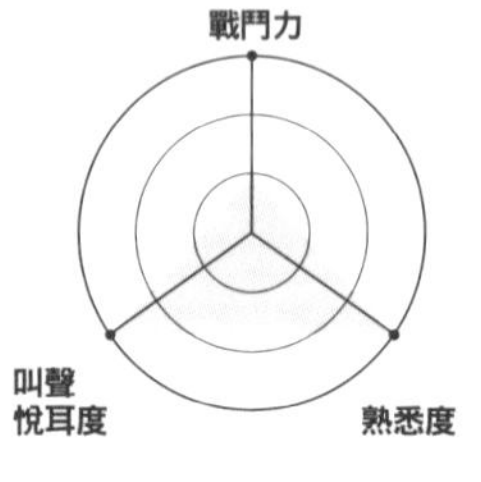

都是牠們的錯，把我們蟋蟀的聲音壓過去了

以音色得知的訊息
——鈴蟲篇——

會鳴叫的只有雄蟲。牠們會摩擦豎起的翅膀來發出聲音。追求雌蟲所發出的愛的訊息是「鈴——鈴鈴——」的聲音，捍衛地盤時則是強烈的「鈴——」。

日暮將近…
差不多可以開始了…
搖身一變
鈴鈴鈴
鈴 鈴 鈴 鈴 鈴 鈴 鈴 鈴
有誰願意～
請跟我交往吧～！

鈴蟲鳴叫的理由

還真坦率呀

軟萌指數 ★★★★

蟋蟀

並不是因為秋天到了才叫的。是因為今天是鳴叫的好日子。

蟋蟀的種類光日本就有大約60種，而全世界則是多達了約2000種以上，可謂相當驚人。雖然大小五花八門，但體色以黑色或茶色的種類居多，後腳肥壯而發達，會跳著移動。

黃臉油葫蘆

大　小 ▶ 25～30mm

分　布 ▶ 日本（北海道～九州）、東亞

筆　記 ▶ 日本最有名的蟋蟀。體型較大，臉部的紋樣令人聯想到閻羅王，因而得名*。8～11月時能聞其聲

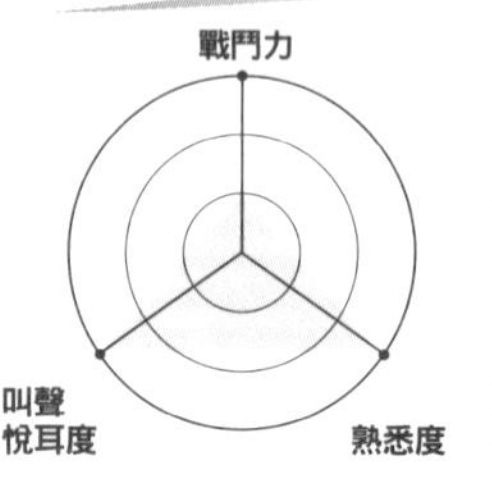

*譯註：黃臉油葫蘆的日文為「エンマコオロギ（閻魔蟋蟀）」。

以音色得知的訊息
——蟋蟀篇——

黃臉油葫蘆是斜立起翅膀摩擦來發出聲音的。捍衛地盤時是「叩囉叩囉哩、哩……」的聲音；吵架時是「唧、唧……」；追求雌蟲時則是「叩囉叩囉哩～」。和鈴蟲一樣，藉著音色來傳達心情。

叩囉叩囉哩
（I LOVE YOU～）

叩囉叩囉哩、哩…
（這裡是我的地盤！）

叩囉叩囉哩、哩——

唧、唧

唧、唧
（想打架!?）

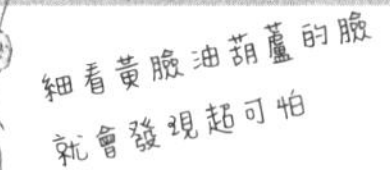

細看黃臉油葫蘆的臉
就會發現超可怕

閻魔蟋蟀的由來

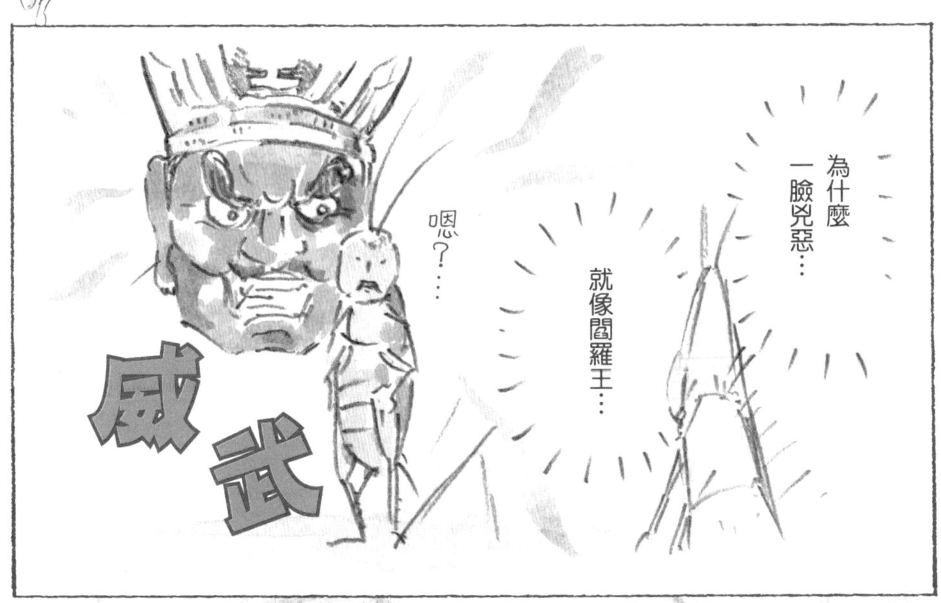

軟萌指數★★★

螽斯

雄螽會摩擦前翅的發音器發出具美麗音色的聲音。依種類不同而鳴叫聲有所差異，螽斯在白天會發出「唧——瓊……」的聲音。

大　小 ▶ 40mm左右

分　布 ▶ 日本（本州、四國、九州）

筆　記 ▶ 雜食性。從江戶時代開始就被人們飼育，其鳴叫聲是夏天風物詩*的代表之一。6～9月時能聞其聲

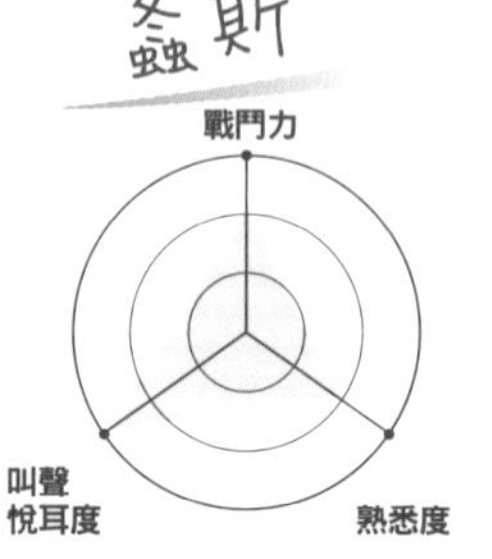

＊譯註：能體現四季風情的事物，如現象、文化、味道、生物等，涵蓋範圍相當廣泛。

牠和我們蚱蜢不同，也會吃蟲哦⋯

只在白天鳴叫

主要在白天時活動。雄蟲會以鳴叫聲追求雌蟲，但在傍晚以後就不叫了。尤其經常在晴天時鳴叫，在陰天或雨天時幾乎不太會叫。

已經傍晚了啊……

差不多該回去囉……

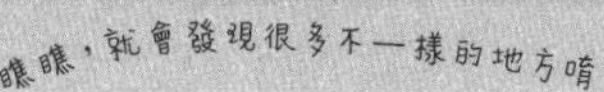

即便是相似的昆蟲，只要仔細瞧瞧，就會發現很多不一樣的地方唷

蚱蜢和螽斯的差異

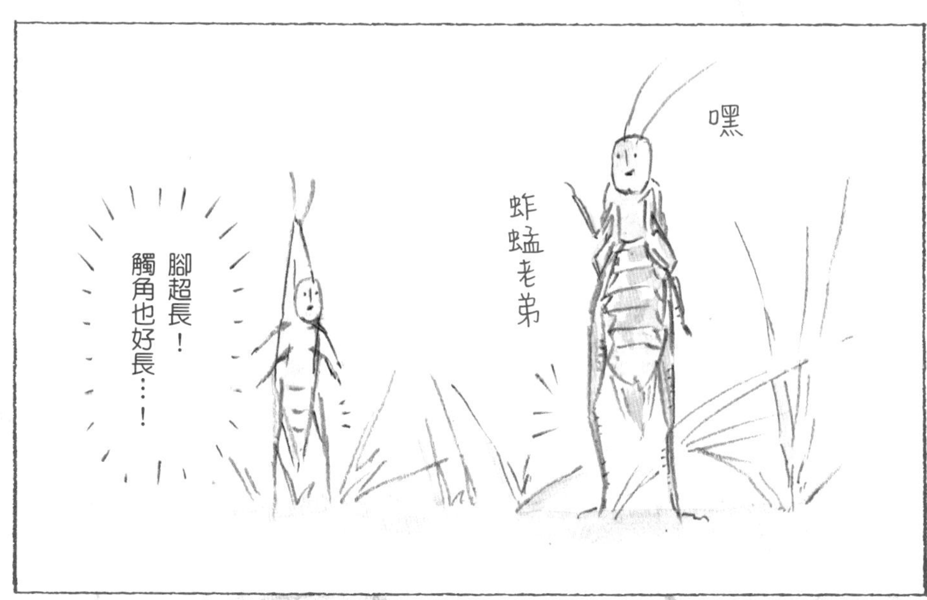

軟萌指數 ★★★

竹節蟲

覺得我這身材如何？

不管從哪邊看、怎麼看，都只會覺得是樹枝的那副身體，至今為止騙過了無數敵人的眼睛。任誰都會承認牠們是「捉迷藏的達人」。

粗粒皮竹節蟲

大　小 ▶ 65～112mm

分　布 ▶ 日本（本州、四國、九州）

筆　記 ▶ 在山地及寒冷的地方找不到雄蟲的蹤跡，一般認為只有雌性在繁殖

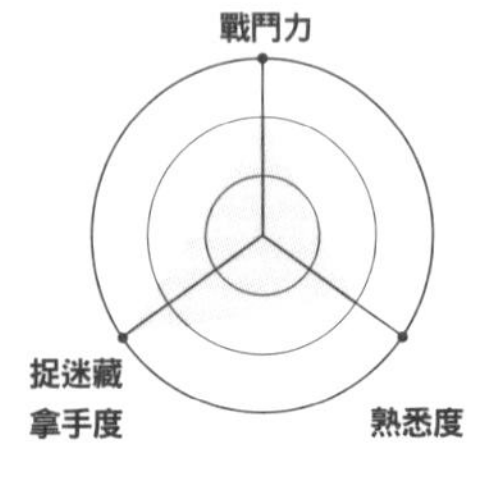

不太會飛，但相對地跟樹枝超像

無法以飛行逃走，取而代之的是擬態成樹枝來保護自己。依個體差異，而有綠色、褐色等各式各樣的顏色。

和枯葉蝶聯手的話就是捉迷藏的最強搭檔！

竹節蟲與捉迷藏

早知道就不要和那傢伙玩什麼捉迷藏…

軟萌指數 ★★★

蟻蛉

當幼蟲的時候
好像比現在還要
大隻…。

長得像蜻蜓，但是不論身體還是翅膀都很軟，飛行方式也輕飄飄的看起來弱不禁風，沒有辦法快速飛翔。由於飛行方式搖來晃去，便用蜃景（即陽炎，空氣看起來在晃動的現象）來比擬，這就是名字的由來*。

蟻蛉

大　小 ▶ 35～45mm

分　布 ▶ 日本（北海道～九州）、東亞

筆　記 ▶ 幼蟲期約2年，蛹期約1個月。變為成蟲之後只能活約2週

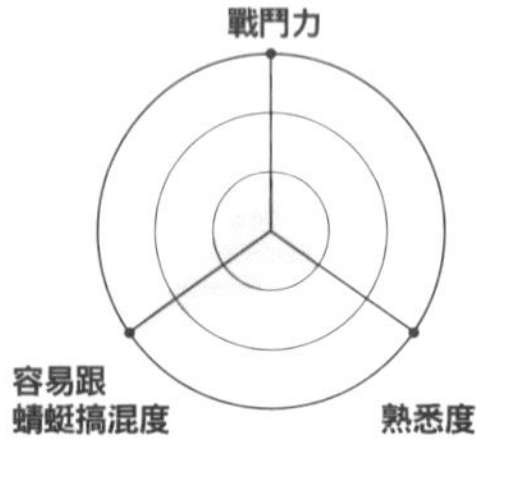

＊譯註：蟻蛉的日文為「ウスバカゲロウ（薄翅蜉蝣／薄翅陽炎）」。

雖然很像，但飛行速度是我們蜻蜓比較快！

幼蟲是傳說中的蟻獅（蟻地獄）

幼蟲會在乾燥的地面挖出研缽狀的洞，在底下等待獵物經過。當螞蟻等獵物落入洞中想要爬出去時，蟻獅會噴灑沙子使其滑落，再用大顎咬住並吸食體液。

蟻獅的打發時間

當螞蟻不來的時候，
就抬頭凝望著天空…

成年跟幼年的反差也太大了…

軟萌指數 ★★★★★

鼠婦

待在落葉或石頭底下而眾所熟知的鼠婦，一旦察覺到危險就會將身體捲成圓球有如糰子一般，那模樣大家也相當熟悉。令人意外的是，鼠婦當中有很多都是在海邊生活，在陸地生活的反而只有一部分的種類而已。

鼠婦（球鼠婦）

大　小 ▶ 10～14mm

分　布 ▶ 世界各地

筆　記 ▶ 其實是明治時代初期進到日本的外來物種

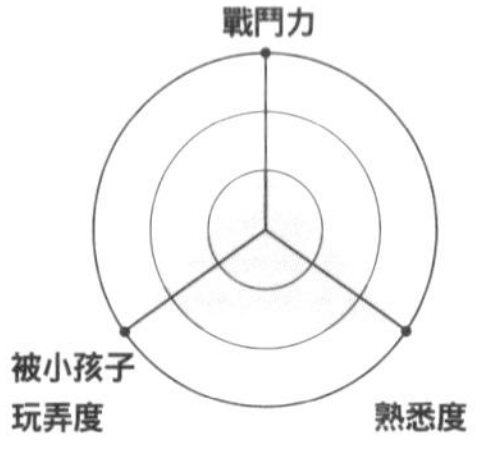

並不是昆蟲！

是蝦子及螃蟹的近親。和昆蟲不同，身體分成頭、胸、腹、尾4個部分，有14隻腳。

森林的清潔工

森林裡的落葉不知何時化成了土。鼠婦和蚯蚓等動物吃下落葉並排出糞便，之後那些排泄物再被小生物吃掉，最終變成富含營養的土壤。

昆蟲足球

要用哪隻腳踢球呢…

昆蟲的捉迷藏

動物具有和周遭景色相仿或是和其他動物相似的顏色、模樣，就稱為「擬態」。

昆蟲可謂擬態的天才。不只顏色、花紋或模樣，有些昆蟲甚至連氣味或動作等都能模仿得維妙維肖。

擬態當中，有像竹節蟲那樣擬態成樹枝隱藏身形的作法，也有外表和危險的蜂類相似藉此讓對方感到害怕的手法，還有像蘭花螳螂那樣為了捕捉獵物而偽裝成蘭花的擬態。

擬態技術較為突出的個體比較容易存活下來，其後代因此增加，擬態的功夫就這樣代代越傳越強，一般認為這就是演化的過程。

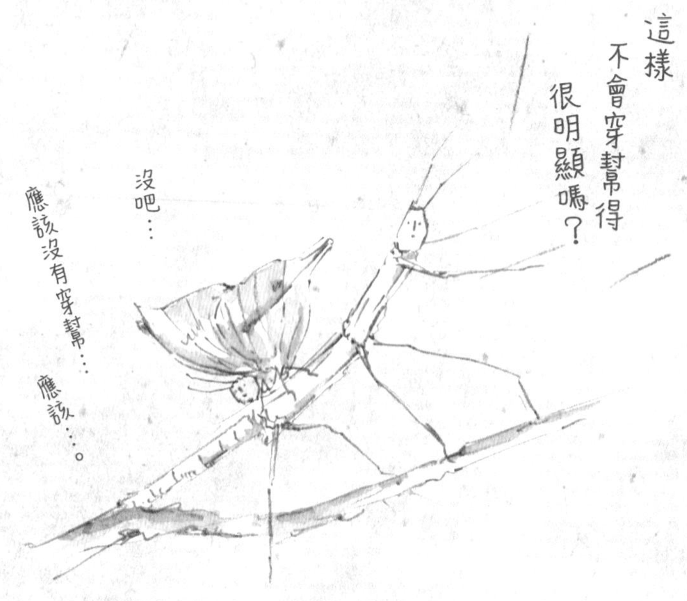

這樣不會穿幫得很明顯嗎？
沒吧…
應該沒有穿幫…
應該…。

第5章 螢火蟲與吉丁蟲們

閃閃發光或是放個臭屁。

本章要介紹充滿個性的甲蟲！

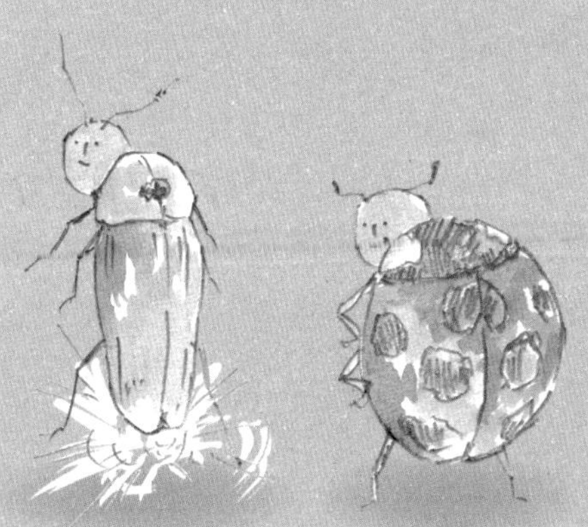

軟萌指數 ★★★★

螢火蟲

為您獻上浪漫的光芒！

在水邊閃閃發光的那身姿，正是夏天的風物詩！螢火蟲的光芒稱作「冷光」，是種不具熱度的光。雖然在日本大約有50種螢火蟲，但是據說其中會發光的僅15種左右而已。

源氏螢

大　小 ▶ 15～20mm
分　布 ▶ 日本（本州～九州）
筆　記 ▶ 日本原生種昆蟲。幼蟲在乾淨的河川中長大

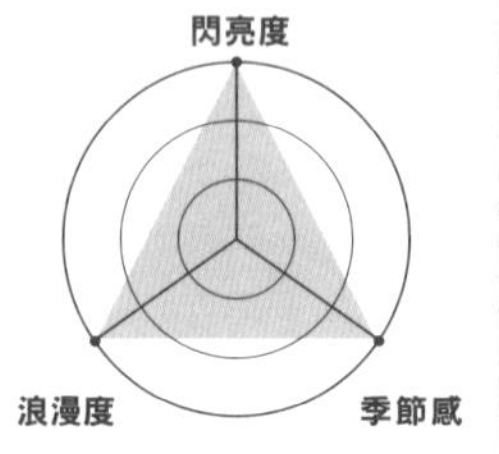

我們只能在乾淨的水中存活嘛……

光芒是愛的訊息

螢火蟲的光芒是雄蟲對雌蟲表達愛意的情話。雄蟲一邊發光一邊飛舞，利用光的明滅變化向雌蟲發送暗號。當雌蟲也用光芒對雄蟲送出同意的信號時，就可以開始交配了，多麼浪漫的互動方式啊。

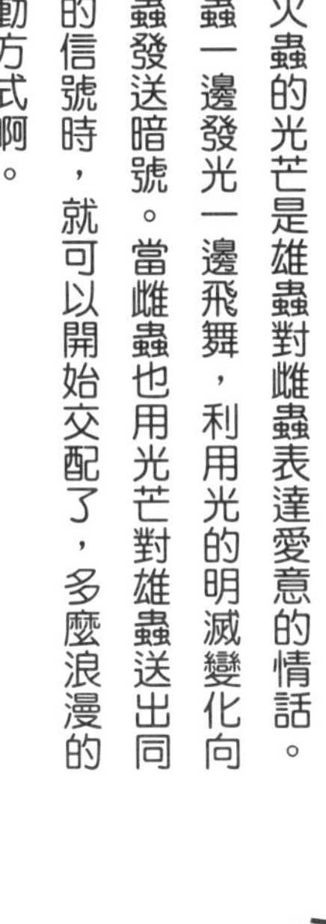

卵、幼蟲及蛹通通會發光

源氏螢能夠發光的階段並不只有成蟲而已。不論是卵、幼蟲還是蛹，牠們全都會發光，相當驚人。成蟲發光是為了要交配，但是連卵、幼蟲以及蛹都會發光的原因，至今仍是令人費解的謎團。

螢火蟲的同伴們

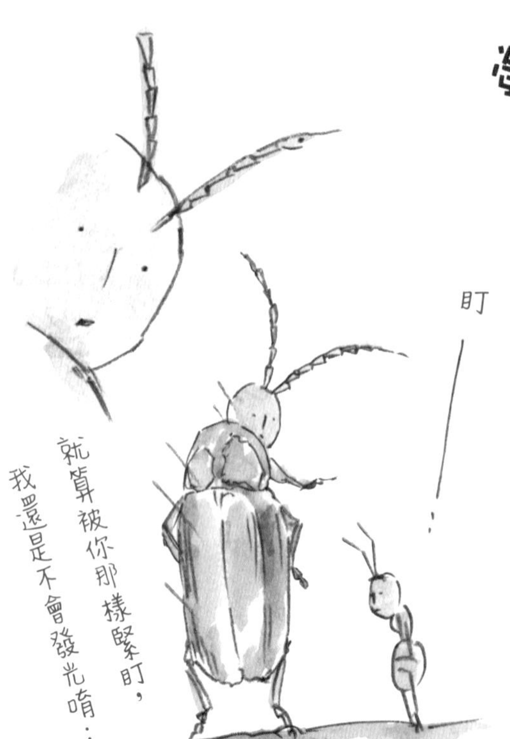

盯
就算被你那樣緊盯，
我還是不會發光唷……

北方鋸角螢

大　小 ▶ 7～12mm
分　布 ▶ 日本（北海道～九州）、朝鮮半島

在幼蟲及蛹的時期會發出微弱的光芒，但變為成蟲之後就幾乎不會發光了。也因此，牠們不是利用光芒來求偶，而是藉著氣味來尋找對象。

棘尾螢（角臀螢）

大　小 ▶ 約 7mm
分　布 ▶ 印尼

在熱帶地區的森林裡，一棵大樹至多時會聚集1萬隻螢火蟲。日落之後開始發光，一起不斷明滅直到旭日升起，集體求偶並進行交配。像這樣光輝閃耀的現象也稱作「螢火蟲樹*」。

＊譯註：日文為「ホタルツリー」。

美麗的星星

因為在夏夜閃耀著嘛

把搞錯了對不對

吉丁蟲

我的光輝是國寶級！

代表日本的美麗甲蟲。前翅閃耀著有如金屬般美麗的光澤，也曾被人們拿來製成工藝品。幼蟲會吃朴樹等的枯木，成蟲則是以樹葉及嫩芽為食。

吉丁蟲

大　小 ▶ 25～40mm
分　布 ▶ 日本（本州、四國、九州）
筆　記 ▶ 晴天時可以見到牠們在闊葉樹周遭飛行的身姿。也叫做彩虹吉丁蟲

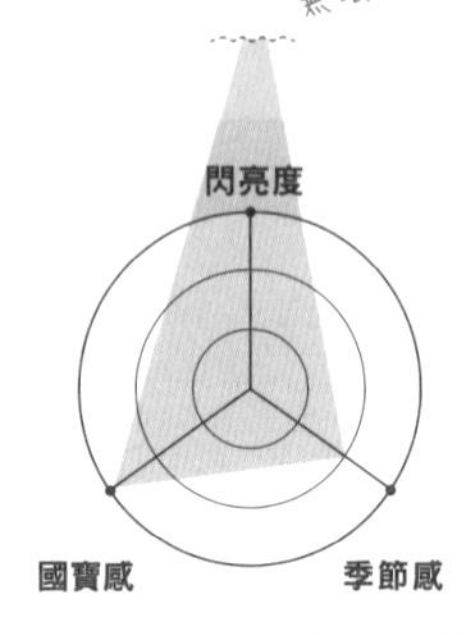

死了之後依舊耀眼動人

昆蟲死亡之後身上的色素會衰敗，因而使顏色逐漸褪去。然而，吉丁蟲的翅膀是藉著表面的微細構造，反射或干擾特定的光線來產生顏色。也就是說，是因「構造」讓「顏色」顯現，所以即使吉丁蟲死了顏色也不會有所改變。

我果然很漂亮呢

一點都不圓

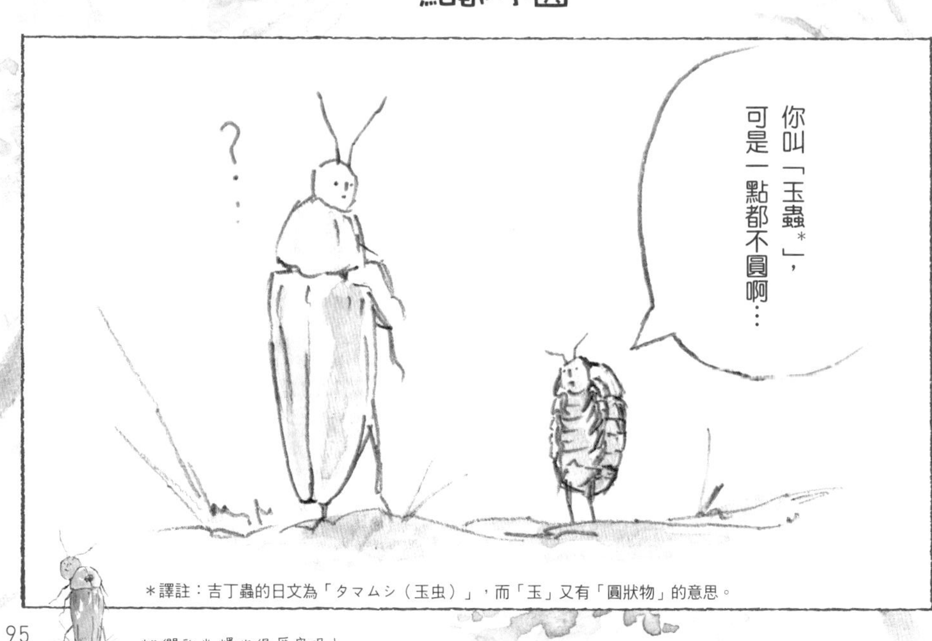

＊譯註：吉丁蟲的日文為「タマムシ（玉虫）」，而「玉」又有「圓狀物」的意思。

牠們的光輝也很厲害呢！

軟萌指數★★★★★

瓢蟲

在紅色、黃色、黑色等多彩多姿的身體上，有著各種紋樣的甲蟲。日本人見到那朝著太陽（天道）飛去的模樣而將之命名為「天道蟲*」，只是因為這樣讓瓢蟲成了一種看似積極的蟲。

七星瓢蟲

大　小▶ 5～9mm

分　布▶日本（北海道～南西諸島）、東亞

筆　記▶
紅色前翅上有7個黑色斑點是名字的由來

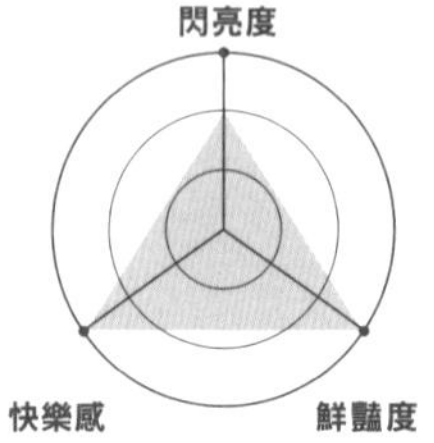

＊譯註：瓢蟲的日文為「テントウムシ（天道虫）」。而「転倒（跌倒）」又跟「天道」諧音。

真好，不管名字還是顏色都很正面。不像我是垃圾蟲…

蚜蟲、螞蟻和瓢蟲令人意外的關係

你讓開一下啦

不可以

說到蚜蟲的天敵那一定就是瓢蟲了。蚜蟲會從屁股分泌甘甜的蜜露提供給螞蟻，相對地，螞蟻要幫牠們把瓢蟲趕走。也就是互惠互利的共生關係。

會分泌超～難吃的汁

當瓢蟲察覺到危險時，就會分泌黃色的苦澀汁液，所以即使被鳥一口吞下也會馬上被吐出來。鳥記住瓢蟲一點也不好吃之後，就不會再去襲擊牠們了。多彩的模樣就是在警告對方「我很難吃喔」。

瓢蟲的冬眠

嘿——大家好久不見…

話說所有人都在啊！

喔喔喔

喔——好久不見

我們鍬形蟲是單獨冬眠的，不過看來瓢蟲們會聚在一起集體冬眠呢

軟萌指數 ★★★

象鼻蟲

我真的跟大象很像嗎？

甲蟲的一種，特徵是堅硬結實的身體。整個口器呈細長狀，看起來就像大象的鼻子，因而得名。雌蟲會用這條長長的嘴在果實等物上鑿洞並產卵。

栗實象鼻蟲

大　小 ▶ 5～10mm

分　布 ▶ 日本（北海道～九州）

筆　記 ▶ 具有修長的口器，宛如野鳥「鷸」的鳥喙般，此為名字的由來*。會在枹櫟或麻櫟上產卵

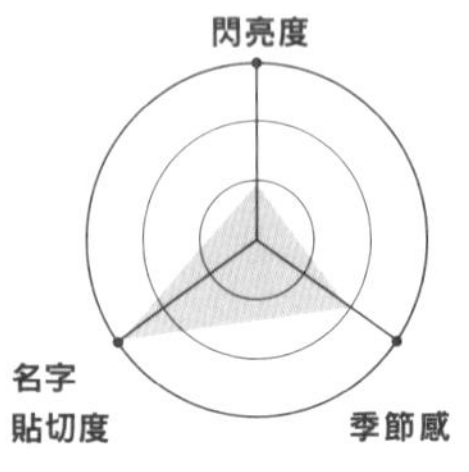

*譯註：這種栗實象鼻蟲（Curculio dentipes）的日文為「コナラシギゾウムシ（小楢鷸象虫）」。

象鼻蟲的產卵

象鼻蟲依種類不同，會將卵產在不同的特定植物上。不僅可以藏匿蟲卵以免被敵人吞食，幼蟲也可以直接啃食植物內部長大。一石二鳥。

山茶與象鼻蟲的關係

茶實象鼻蟲是一種有著吸管般修長口器的象鼻蟲，會將卵產在日本山茶的果實裡。由於山茶果實的皮相當厚，所以牠們會像鑽頭一樣一邊旋轉頭部，一邊在果實上鑿洞。

看到本尊了啊…

巧遇大象

軟萌指數 ★★★

步行蟲

接招吧，
我的奮力一屁！

步行蟲當中以夜間活動的種類居多，會在地面上四處走動，尋找其他昆蟲或蚯蚓等餌食。由於後翅退化了，所以不會飛。

三井寺步行蟲

大　小 ▶ 11～18mm

分　布 ▶ 日本（北海道～九州）、東亞

筆　記 ▶ 夜行性動物，白天時會待在陰暗潮濕處的石頭底下等。在配色以黑居多的步行蟲當中，顏色算是挺華麗的

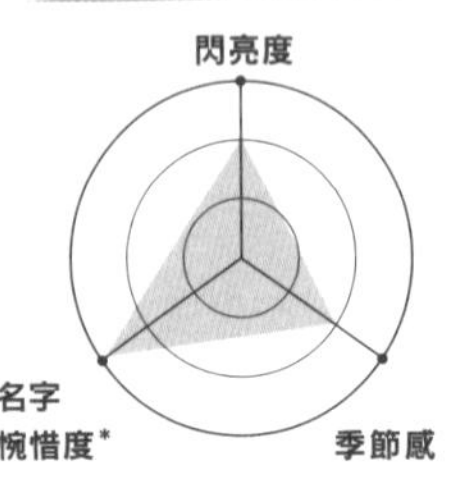

*譯註：步行蟲的日文為「ゴミムシ」，直譯就是「垃圾蟲」。

居然用屁攻擊，可怕的傢伙…

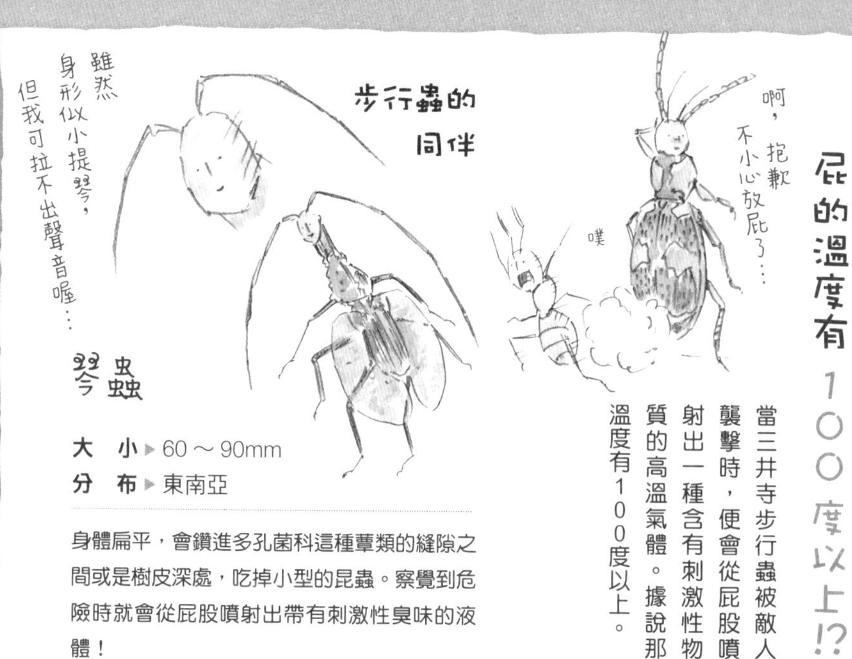

雖然身形似小提琴，
但我可拉不出聲音喔…
啊，抱歉
不小心放屁了…
噗

步行蟲的同伴

琴蟲

大　小 ▶ 60～90mm
分　布 ▶ 東南亞

身體扁平，會鑽進多孔菌科這種蕈類的縫隙之間或是樹皮深處，吃掉小型的昆蟲。察覺到危險時就會從屁股噴射出帶有刺激性臭味的液體！

屁的溫度有100度以上!?

當三井寺步行蟲被敵人襲擊時，便會從屁股噴射出一種含有刺激性物質的高溫氣體。據說那溫度有100度以上。

步行蟲的煩惱

啊，垃圾蟲正在倒垃圾

真的耶——

垃圾

這名字…有沒有什麼法子可以解決啊…

除此之外還有很多有著有趣名字的昆蟲唷！

龍蝨

軟萌指數★★

龍蝨是生活在水裡的肉食性昆蟲。為了減少水流的阻力所以體型呈現流線型，且後腳長有刷子般的細毛，牠們會像划槳般擺動那雙腳來游泳。

大家好，我是昆蟲潛水艇！

龍蝨（日本大龍蝨）

大　小 ▶ 36～39mm

分　布 ▶ 日本（北海道～九州）、東亞、東西伯利亞

筆　記 ▶ 準備成蛹時會鑽入田畦等土中。因為水邊環境的惡化而逐漸減少，恐有滅絕的危險

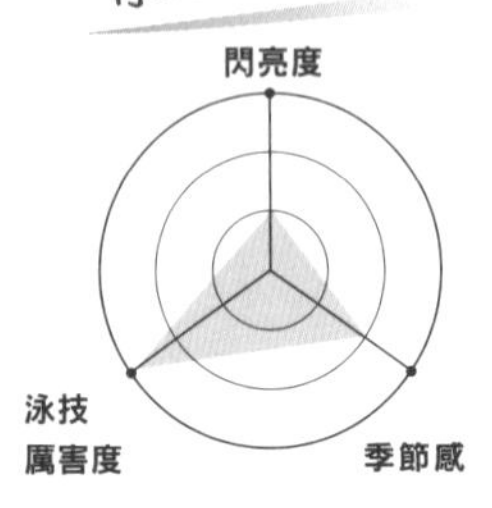

我也想試試如魚得水的感覺！

擅長麻醉的幼蟲們

幼蟲對於會動的物體特別敏感，一旦有活生生的獵物靠近自己，就會立刻用那雙大顎咬住不放。同時注入能使獵物麻痺的毒液，封鎖對方的行動。最後注入消化液，吸食被溶解的體液。

呼吸及游泳方式獨特

龍蝨會在前翅下方儲存空氣，並利用位於腹部的氣門呼吸。那模樣就像是揹著氧氣瓶的潛水員。當氧氣快要用光時，再將腹部末端露出水面上換氣。如划槳般擺動帶毛後腳快速游泳的姿態相當獨特。

龍蝨的同伴們

大　小▶33～40mm
分　布▶日本（北海道～九州）、朝鮮半島

居住在水田或植物較多的池沼裡。幼蟲吃小型的螺貝類長大。成蟲為雜食性，以落葉、水草等為食。泳技不甚佳，會攀附在水草等植物上生活。

雄性與雌性的前腳不一樣

雄龍蝨會用前腳緊緊地摟住雌蟲，在水中交配。因此，雄蟲的前腳上有吸盤，具有止滑的作用。

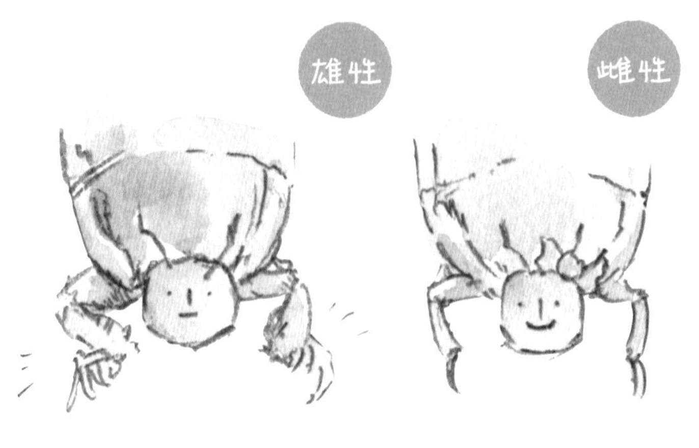

蟋蟀與龍蝨的憋氣對決

來比賽憋氣

隨時奉陪——

預備——！

開始!!

嘶
嘶

這傢伙在用屁股呼吸!?

附帶一提，所有昆蟲都是用腹部呼吸的唷。蟋蟀也是

繁衍最興旺的就是甲蟲

甲蟲是地表生物當中繁衍最為興盛的最強族群。

牠們有著如鎧甲般堅硬的前翅，守護柔軟的腹部與薄薄的後翅。飛行時會掀起前翅，僅以後翅拍動飛翔，所以並不擅長飛行。

相反地，牠們能夠保護自己不受掠食者侵襲，就算潛入土中或樹皮的縫隙之間也不容易受傷。除此之外，可在翅膀內側儲存空氣，在水中生活的種類也出現了。甲蟲獲得了如鎧甲般堅硬的前翅，因而得以在各式各樣的環境裡進進出出，分化出多樣化的種類，並繁衍得如此興旺。

我們哺乳類目前已有紀錄的大約只有5000種而已，相對於此，所有昆蟲加總起來竟多達了約100萬種，其中甲蟲類大約有37萬種。沒錯，這顆星球簡直就是昆蟲天堂。就像今天也是一樣，牠們存在於我們身邊，生活在這個充滿不可思議又光彩奪目的世界上。

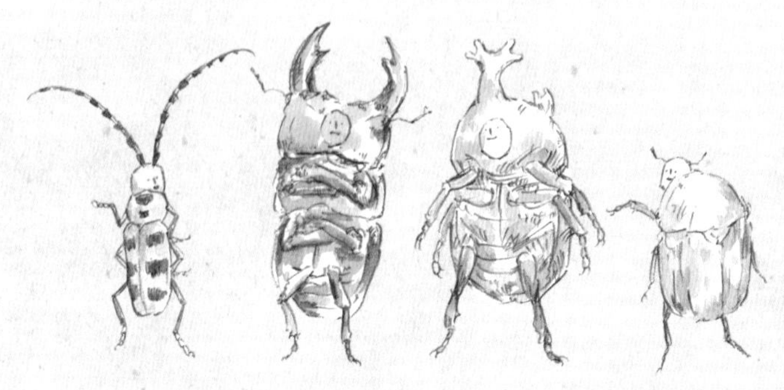

第6章 蟬與椿象們

還有好多好多呢！
令人在意的、超有個性的蟲蟲，
就來一窺牠們的日常！

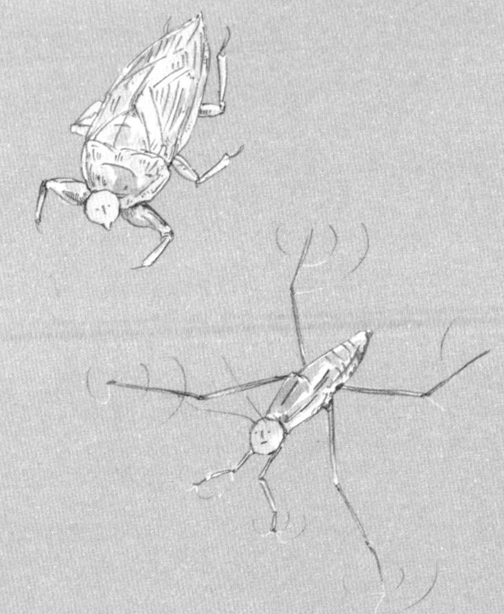

蟬

軟萌指數 ★★★★

請不要嫌我吵。

這是純愛

說到夏天，就不可不提蟬鳴聲。蟬是使用腹部的發音器官來發出響亮的鳴叫聲。不過只有雄蟲才會叫，藉此呼喚、吸引雌蟲。大多數人都以為「蟬命短」，但其實牠們的幼蟲期很長，在昆蟲界算是相當長壽。

油蟬

大　小 ▶ 36～38mm

分　布 ▶ 日本（北海道～九州）、朝鮮半島、中國

筆　記 ▶ 卵期約300天，幼蟲期2～5年，成蟲1～2週的壽命

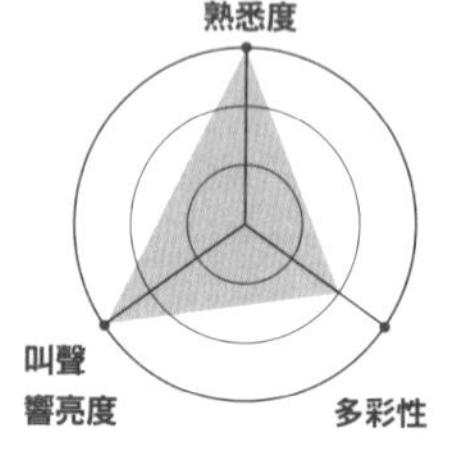

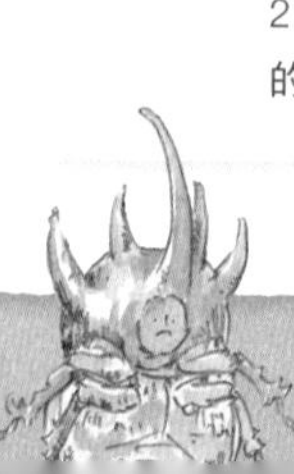

若你不叫的話就沒有夏天的感覺了

鳴叫的時期或時間帶會錯開

蟬根據種類不同，成蟲現身的時期或鳴叫的時間帶、鳴叫聲會有所不同。一般認為各個種類的蟬鳴之所以會有這些區別，是為了更容易與同種的雌蟲相遇才會如此。

時間差不多囉！
換你上場！
咦—
已經這個時間啦？

屁股的秘密

蟬是利用如針般的口器刺入樹木來吸食樹液。由於樹液當中含有許多水分，所以僅需攝取營養素至體內的蟬會將大量的水分化作尿液排出。

蟬的同伴們

週期蟬（十七年蟬）

大　小▶約30mm
分　布▶北美

幼蟲花費17年在地下成長，再成群變為成蟲。整棵樹木都被蟬群淹沒，路上充斥著「唧——」的嘈雜鳴叫聲，連要好好聊天都顯得有些困難。也有以13年為週期變為成蟲的十三年蟬。

蟬的鳴叫聲表

名字	鳴叫時期	鳴叫時間帶	鳴叫聲
春蟬	**4～6月左右**	**晴天的白天**	**唧——唧——**
暮蟬	**6～9月左右**	**清晨、傍晚**	**喀吶喀吶喀吶…**
蟪蛄	**6～9月左右**	**清晨～傍晚**	**嘰——**
熊蟬	**7～9月左右**	**清晨～中午**	**呷——呷——**
油蟬	**7～9月左右**	**下午**	**唧——唧哩唧哩…**
嗚嗚蟬	**7～10月左右**	**上午～下午**	**嗚——嗚嗚…**
寒蟬	**7～10月左右**	**下午**	**喔——嘻吱庫吱庫…**
嘰嘰蟬*	**7～10月左右**	**下午**	**嘰、嘰、嘰…**

＊譯註：採音譯。學名為「Cicadetta radiator」的蟬。

哦

原來如此～有很多種呢！

是哪一位的鳴叫聲？

好青春啊

軟萌指數★★

田鱉

在水中生活的田鱉，和蟬、蝽象等屬同一個族群。牠們居住在水田及池塘等處，卻因為農藥的使用、水汙染等導致其數量減少，恐有滅絕的危險。

狄氏大田鱉

大　小 ▶ 48～65mm
分　布 ▶ 日本（本州、四國、九州、南西諸島）、東亞
筆　記 ▶ 因為是「田裡的蝽象」所以叫做「田鱉*」。在日本的水生昆蟲當中是最大的

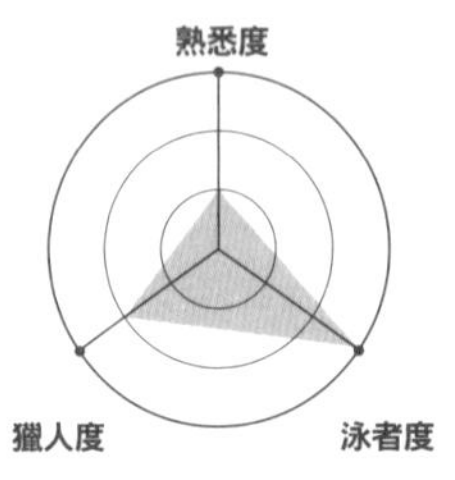

＊譯註：田鱉的日文為「タガメ（田亀）」，是從「田のカメムシ（田の亀虫）」變化而來。「カメムシ」泛指蝽象。

看起來很強大，卻是瀕危物種…

將獵物溶解後再食用!?

田鱉是一種勇猛的蟲，會襲擊魚、蛙等比自己還要大的獵物並吃掉。看似不畏死亡的牠們，會用鐮刀般的前腳攫住獵物，再用如針般細長的口器刺入其身體並注入消化液，溶解體內組織後加以吸食。

也有奶爸的一面

田鱉會將卵產在露出水面的植物莖部或是木桿上等。照顧孩子是雄蟲的工作。除了澆水以防止乾燥外，還會用身體覆住來保護卵不受外敵或直射陽光的傷害等等。就算孵化而出的幼蟲已經落至水面，雄蟲也不會立刻離開那個地方。暫且留在原地威嚇魚等外敵守護著子女，田鱉就是如此帥氣的超級奶爸。

田鱉的同伴們

日本突負蝽

大　小▶ 17 ～ 20mm
分　布▶ 日本（本州、四國、九州）、朝鮮半島、中國

雌蟲會將卵產在雄蟲背上，由雄蟲負責照顧卵。彷彿將孩子揹在身上的情景正是名字的由來*。

＊譯註：日本突負蝽的日文為「コオイムシ（子負虫）」。負蝽又名負子蟲。

水螳螂

大　小▶ 40 ～ 45mm
分　布▶ 日本（北海道～九州）、東亞、東南亞

體型及前腳的形狀都和螳螂很相似，因而得名。細長的腹部末端有根長管，能夠將之探出水面，像使用潛水呼吸管般呼吸。

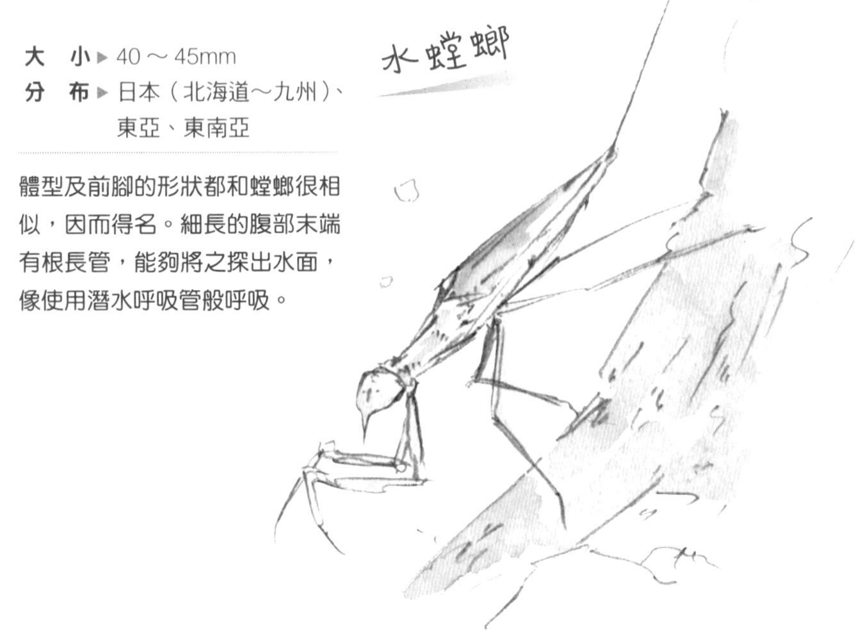

田鱉與水螳螂

水螳螂倒是身體十分強健呢

軟萌指數 ★★★★

水黽

一整天都在滑來～滑去！

好幸福啊

利用表面張力，在水面上如滑行般移動的水黽。細長如棒的身體，再加上超級修長的中腳與後腳。利用口器刺入獵物體內吸食其體液。

水黽

大　小 ▶ 11～16mm

分　布 ▶ 日本（北海道～九州、南西諸島）、東亞

筆　記 ▶ 在池沼、小河等處經常可見。當餌食減少時，就會飛往新天地

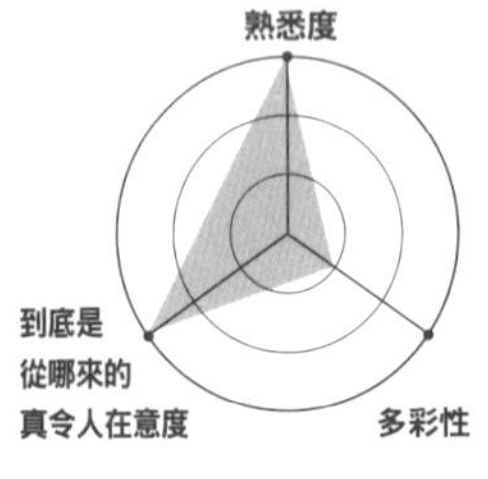

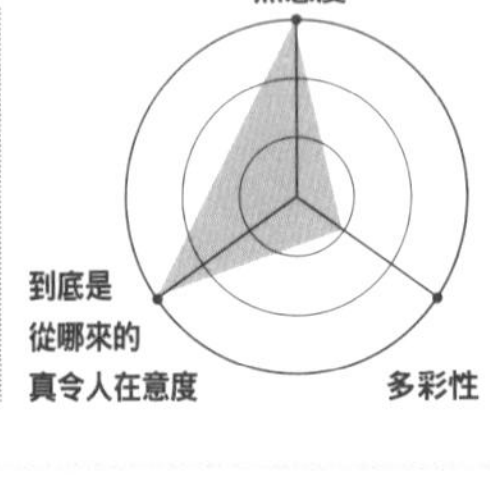

「飴」棒？

之所以叫做飴棒＊，是因為水黽一旦被抓住，就會釋放出有如「糖果」般的甜味，再加上細長如「棒」的體型，便是該名的由來。水黽具有可從身體釋出味道的器官，一旦受到刺激，便會產生氣味物質。

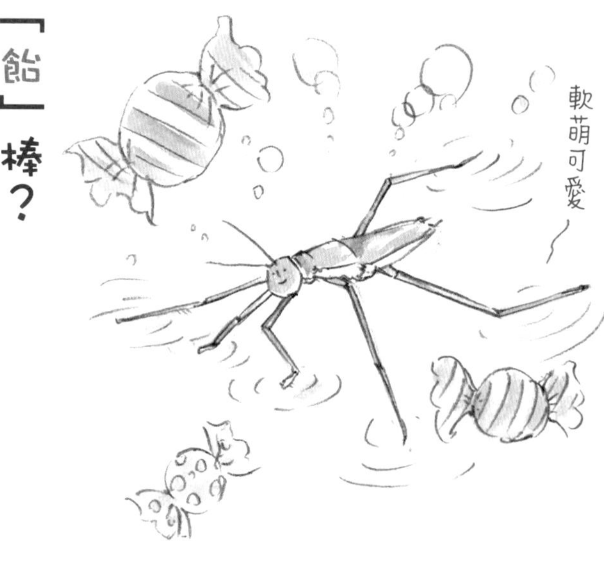

＊譯註：水黽的日文為「アメンボ」，漢字可寫成「飴棒」、「飴坊」。

那些腳非常厲害哦！

水黽腳尖上的毛非常敏感。利用這些毛，可感知到落至水面的昆蟲並移往該處。此外，雄蟲還會用腳自己製造水波，用於捍衛地盤或作為求偶的信號。

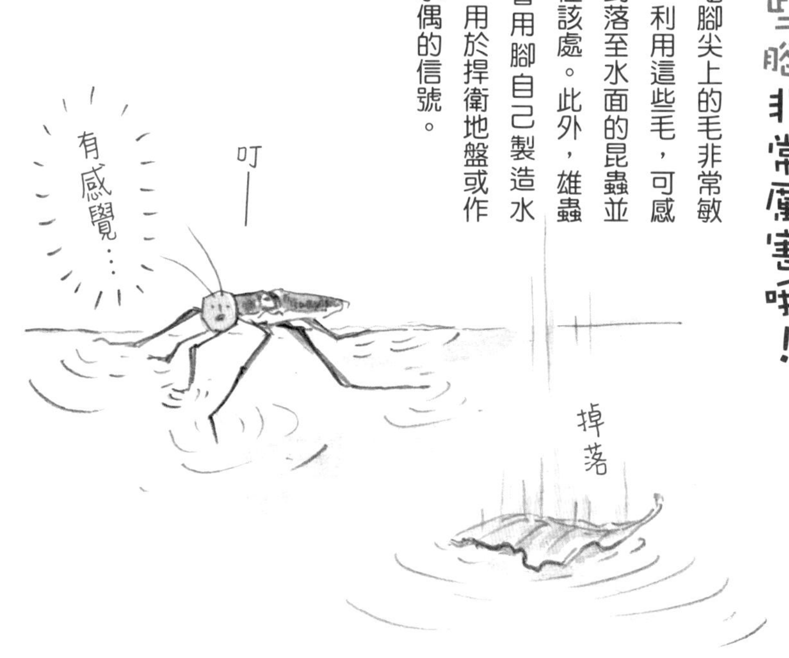

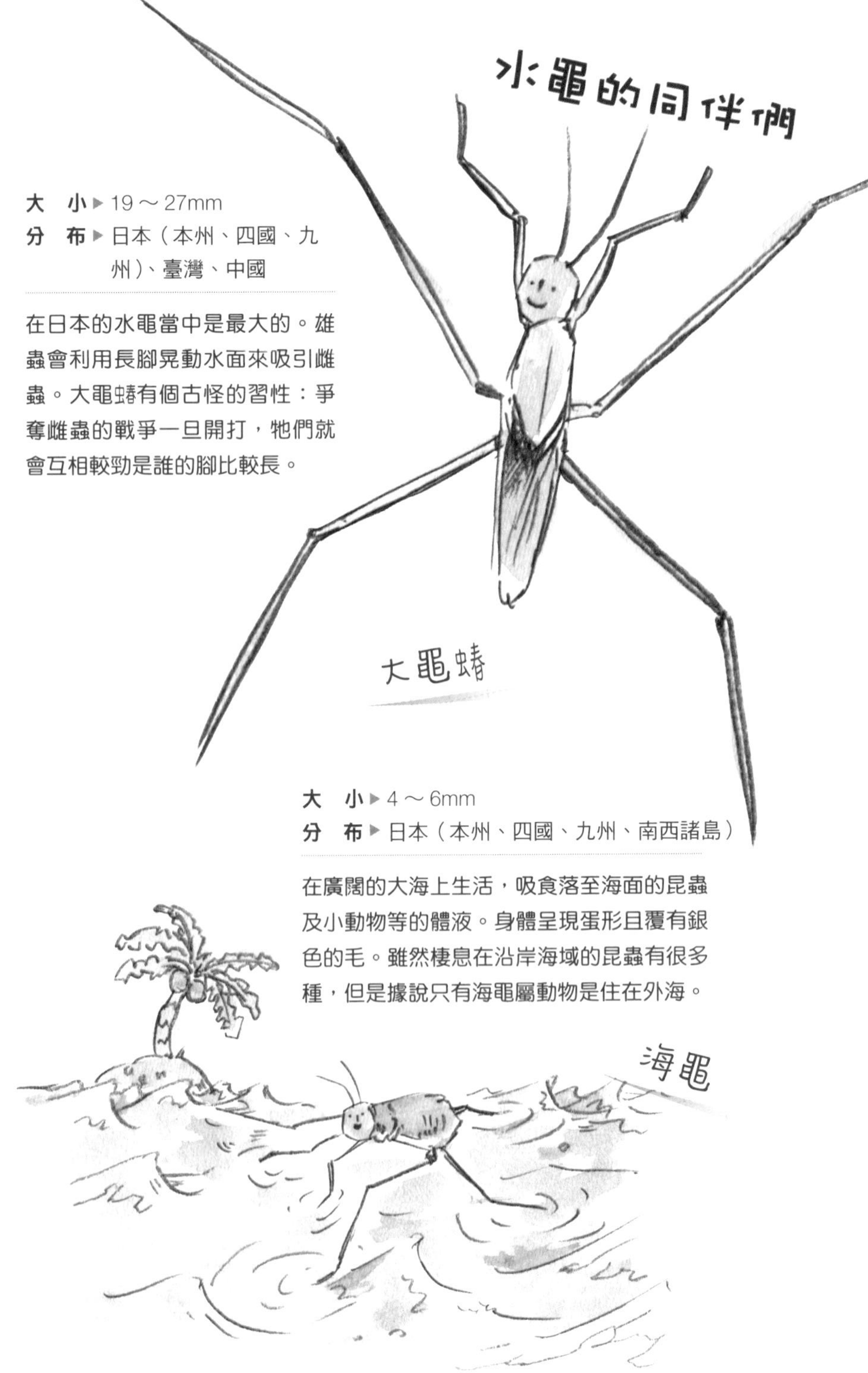

大　小 ▶ 19～27mm
分　布 ▶ 日本（本州、四國、九州）、臺灣、中國

在日本的水黽當中是最大的。雄蟲會利用長腳晃動水面來吸引雌蟲。大黽蝽有個古怪的習性：爭奪雌蟲的戰爭一旦開打，牠們就會互相較勁是誰的腳比較長。

大　小 ▶ 4～6mm
分　布 ▶ 日本（本州、四國、九州、南西諸島）

在廣闊的大海上生活，吸食落至海面的昆蟲及小動物等的體液。身體呈現蛋形且覆有銀色的毛。雖然棲息在沿岸海域的昆蟲有很多種，但是據說只有海黽屬動物是住在外海。

不論是誰都會有搞錯的時候，嗯嗯

感知出錯？

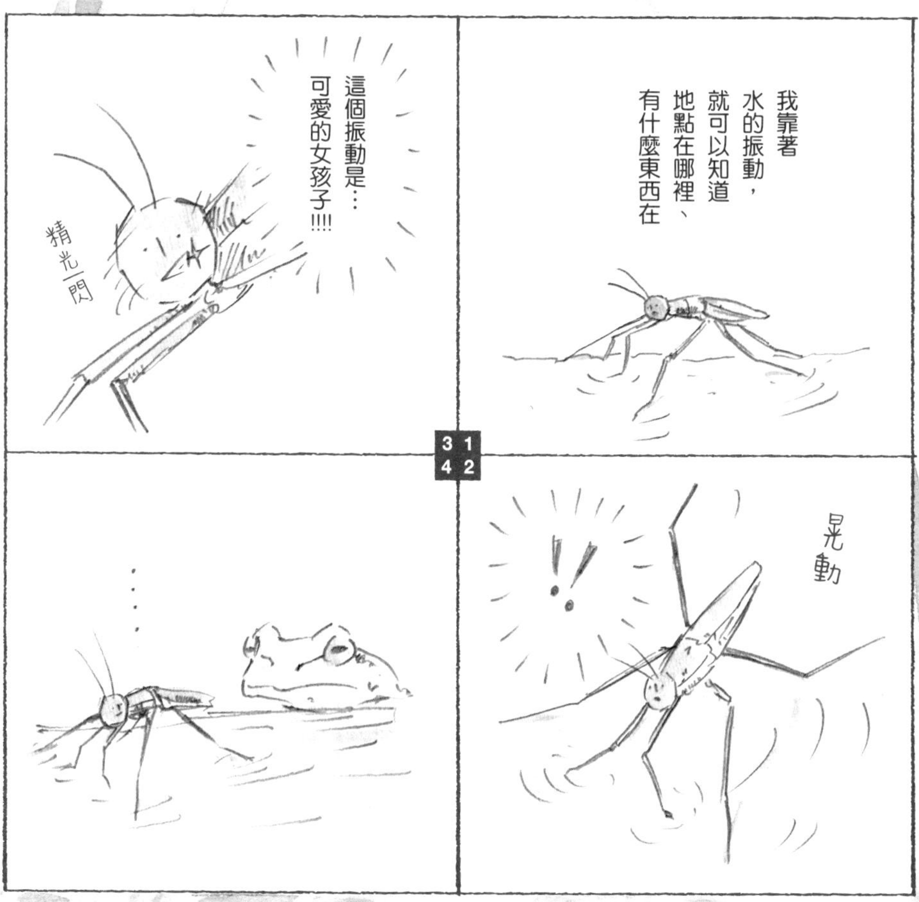

在水邊求生吧！

只要是在幼蟲、蛹、成蟲的任一個階段於水中生活的昆蟲，都叫做「水生昆蟲」。有幼蟲及成蟲期都在水中過活的龍蝨，也有僅幼蟲期在水中度過的蜻蜓，還有在水面生活的水黽等等，有各式各樣的水生昆蟲。

龍蝨可在翅膀與腹部之間儲存空氣，而田鱉、日本紅娘華、水螳螂這類昆蟲，則能將位於腹部末端的呼吸管探出水面獲取空氣。

而水蠆從肛門吸水，使用腸內的鰓攝取水中的氧氣後，再吐出水與二氧化碳，是以這樣的方法在呼吸的。

儘管歷經了各種各樣的演化得以在水中生存，如今卻因為水邊環境的減少、農藥的使用、水汙染、外來物種的影響等等，造成某些水生昆蟲的數量減少許多。

那些惹人嫌棄的蟲蟲其實也非常有趣！

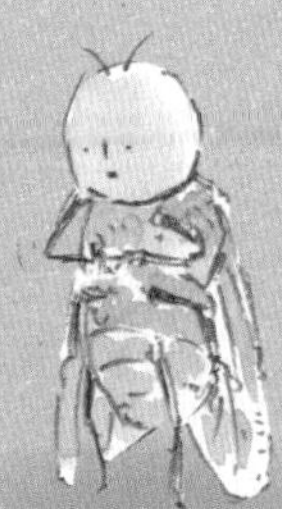

蒼蠅

軟萌指數 ★★★★

飛行能力相當高強。具有2片翅膀，後翅很小，特化成了名為「平均棍（平衡棒）」的棒狀器官。飛行時可與翅膀的動作連動，進行上下擺動，藉此維持身體平衡以穩定飛行狀態。

家蠅

大　小 ▶ 6～8mm

分　布 ▶ 日本（北海道～南西諸島）、世界各國

筆　記 ▶ 住在人類的住家周邊，幼蟲多從垃圾堆或家畜的糞便等處誕生

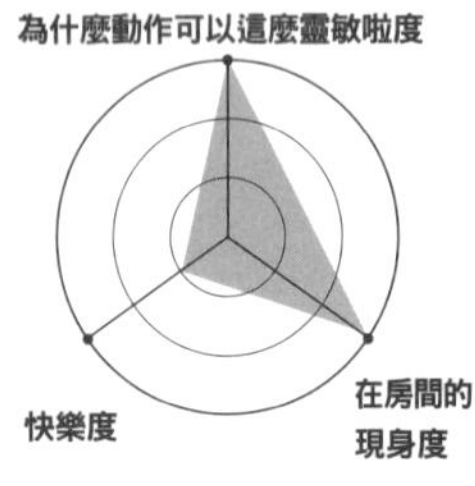

若論敏捷性，我們輸給這傢伙就是了～

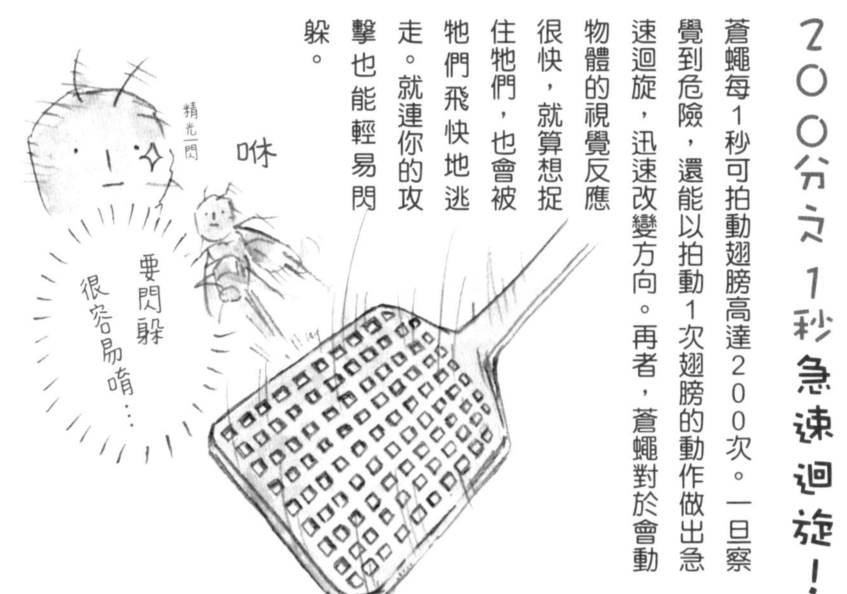

200分之1秒急速迴旋！
蒼蠅每1秒可拍動翅膀高達200次。一旦察覺到危險，還能以拍動1次翅膀的動作做出急速迴旋，迅速改變方向。再者，蒼蠅對於會動物體的視覺反應很快，就算想捉住牠們，也會被牠們飛快地逃走。就連你的攻擊也能輕易閃躲。
咻
精光一閃
要閃躲很容易唷⋯

蒼蠅的搓手

喂喂——你每天都在許什麼願啊？

啊，只是在搓掉手上的髒東西而已

搓搓搓⋯

我們蒼蠅的手是一個感知味道及氣味的敏感部位

軟萌指數★★★

蚊子

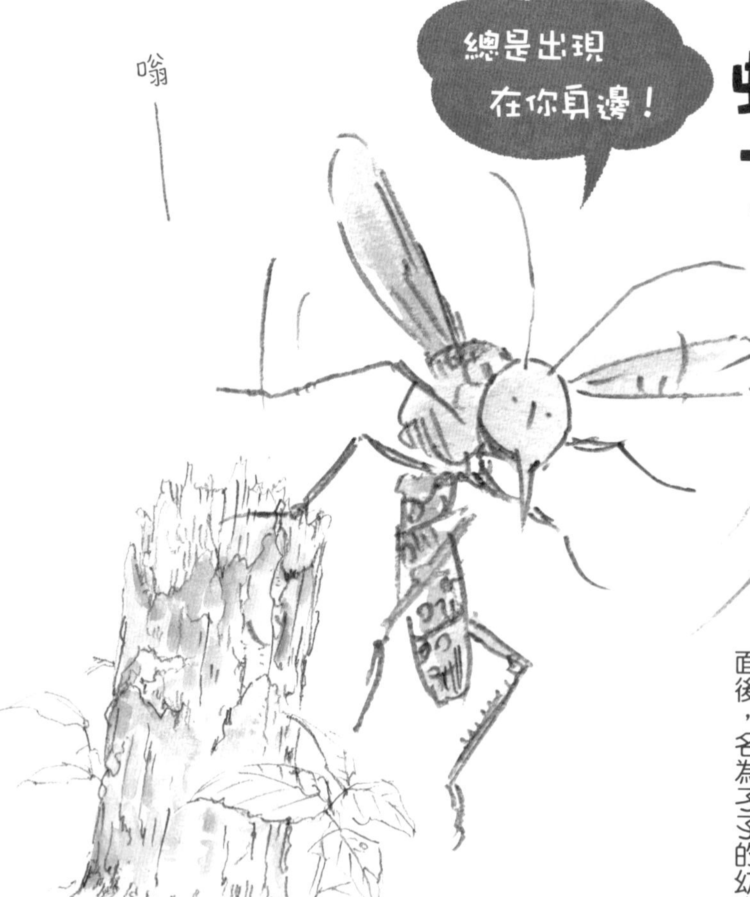

因為那「嗡～」的翅膀聲，還有刺人會引起發癢的種種惡事，身為夏天的壞蟲而惡名昭彰的蚊子。將卵產至水面後，名為孑孓的幼蟲會在水中長大。

淡色家蚊

大　小 ▶ 約5mm
分　布 ▶ 日本（北海道～九州、南西諸島）
筆　記 ▶ 日本最常見的紅褐色蚊子。不知不覺就入侵屋內，入夜之後吸取人血。白天躲在遮蔭處休息

為什麼動作可以這麼靈敏啦度
季節感
在房間的現身度

會吸血的只有雌性!?

蚊子是以花蜜、樹液、果實等所含有的糖分為食。只不過，卵要發育需要蛋白質，所以雌蟲一到了產卵期就會去吸食動物等的血液。唾液當中含有麻醉物質以及防止血液凝固的物質，引起發癢與腫脹的原因即為蚊子唾液所引起的過敏反應。

我們上吧～!

喔!

女生真厲害…

不想被牠們叮咬的話，就將柑橘類的香氣帶在身上！

蚊子的進擊

是、是巨人——!!!

不要退怯！突擊——!!

嗡～

嗡

軟萌指數 ★★

蟑螂

「在家裡到處趴趴走的蟑螂，應該是大家最討厭的昆蟲之一吧。身體扁平，腳又十分發達，所以爬起來相當快速。牠們喜歡狹窄的場所，會藉著糞便中含有的集合費洛蒙來召集同伴。這就是為什麼有句話說：「看到1隻蟑螂就代表還有100隻躲起來。」

活化石就是在說我啦！

黑褐家蠊

大　小 ▶ 25～30mm

分　布 ▶ 日本（北海道～南西諸島）、世界各國

筆　記 ▶ 現身在家中的代表性害蟲。據說是外來物種，但尚未確定。近年來，其分布範圍漸往北海道擴展

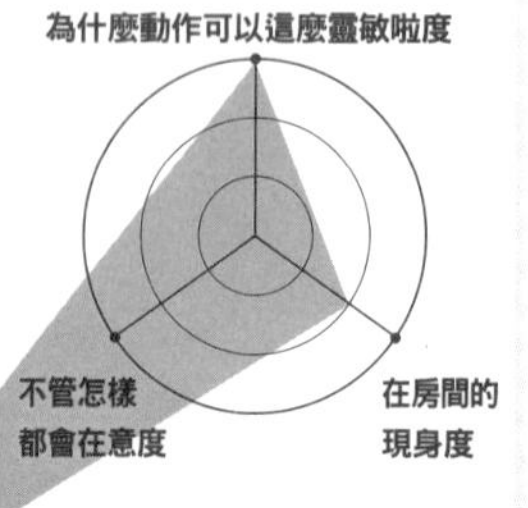

不管再怎麼鍛鍊，都敵不過這傢伙⋯

從遠古就一成不變的蟑螂

蟑螂從遙遠的過去開始，都用那幾乎毫無變化的樣貌一路生存至今，也就是所謂的「活化石」。地球曾經發生過許多劇烈的環境變遷，很多生物因此滅絕，而殘存下來的物種經過演化，模樣一點一滴地發生了變化。其中，蟑螂這種昆蟲從距今3億年前以上其外貌就沒什麼太大變化，而且存活、延續到了現代。反觀智人（Homo sapiens）的歷史只有短短的20~30萬年。蟑螂前輩實在太厲害了。

嘿嘿

嗚吼
嗚吼嗚吼！
（這該死的蟑螂！）

從很久以前就照看著昆蟲界呢

蟑螂的生命力

軟萌指數★★

白蟻

大部分的白蟻主要都是以木材為食。木材的主要成分——纖維素，雖然是一種非常難以消化的物質，但是白蟻和體內能分解纖維素的原生生物是共生關係，而得以仰賴這群小生物轉換成養分。

臺灣家白蟻

大　小▶ 工蟻約5mm、兵蟻4～6mm、蟻后約30mm

分　布▶ 日本（關東以西）、臺灣、中國、南非、美洲大陸等

筆　記▶ 以身為建築物及松柏的害蟲而聞名。到了6～7月就會進行結婚飛行

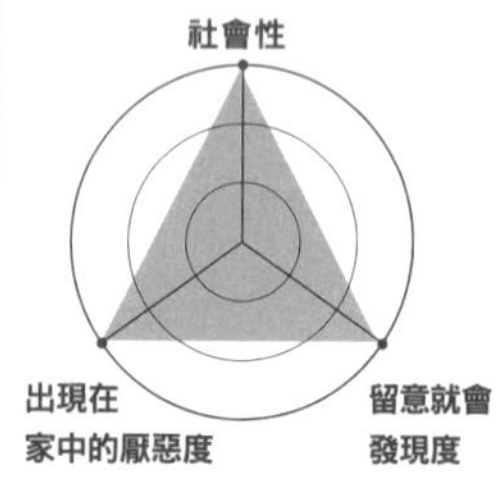

其實是蟑螂的近親

雖然模樣跟螞蟻非常相像，但其實是種和蟑螂有著共同祖先的昆蟲。白蟻分為蟻后、蟻王、兵蟻、工蟻，各司其職，共同經營高度社會化生活，依階級不同，身體的大小及外形也有所差異。

白蟻的同伴

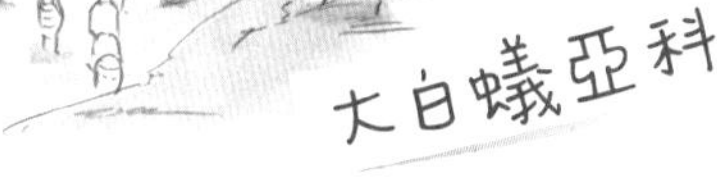

大白蟻亞科

大　小 ▶ 工蟻約 4mm、兵蟻約 8mm、蟻后約 100mm

分　布 ▶ 非洲

在數公尺高的巨大巢穴中，住著好幾百萬隻白蟻的大家族，會培育蕈類並加以食用。兵蟻以頭部抵禦敵人進入巢中，會用大顎攻擊。

螞蟻與白蟻

你啊明明就不是螞蟻，卻用蟻當名字耶。

我也沒辦法啊，又不是我取的名字…

雖然外貌和大家庭生活這些特點和螞蟻很像就是了

蜘蛛

軟萌指數 ★★★

蜘蛛並不是昆蟲。牠們的身體分成兩個部分——頭胸一體成形構成的頭胸部再加上腹部，而且有8隻腳。從腹部末端產生的絲線可因應用途改變性質，在使用上有所區分。

巢穴正是我輩藝術

橫帶人面蜘蛛

大　小▶雄性6～13mm、雌性15～30mm

分　布▶日本（本州～南西諸島）、東亞、印度

筆　記▶雌蛛的腹部有黃色及水色（青灰色）交錯的橫紋，腹部裡側則有紅色花紋。雄蛛身形較小而且樸素。到了秋天，雄蛛會寄居在雌蛛所張的蛛網上

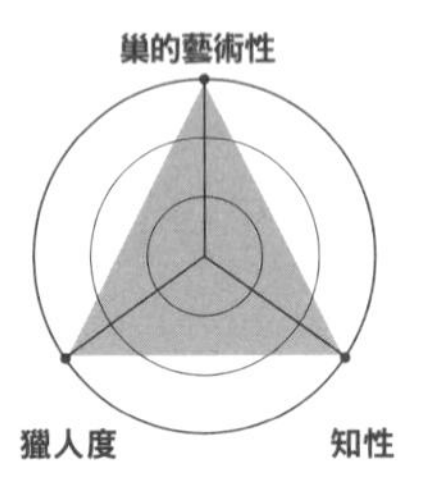

蜘蛛網的編織方式

在蜘蛛當中，有大約半數的種類會結網來捕獲獵物。依種類不同，結網的方式也有所差異，有繞圓編織、棚架編織、扇形編織、盤形編織等各式各樣的形狀，相當美麗。

難道不會一個不留神把自己困在網中？

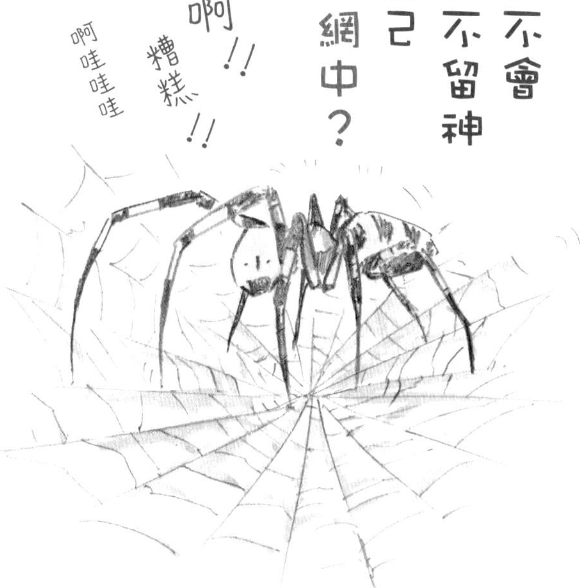

啊!!

糟糕!!

啊哇哇哇

以繞圓編織的蜘蛛網為例，是由具黏性的絲線與不黏的絲線所構成。蜘蛛是踩在不具黏性的放射狀縱線上橫跨著移動。另一方面，以漩渦狀延伸出去的橫線則具有黏性，用以捕獲獵物。雖然很少見，但有時還是會發生自己一個不小心被網給絆住的糗事。

蜘蛛的同伴們

大　小▶雄性 5 ～ 12mm、雌性 8 ～ 14mm
分　布▶日本（北海道～南西諸島）

正如其名，腳很修長，身體也細細長長的。會結水平狀的圓網。由於牠們會把腳伸長停駐在植物莖部或小樹枝上，所以較難發現其蹤影。

咔嚓

不愧是模特兒，

腳好長！

前齒長腳蛛

也有不結網的蜘蛛

也是有不結網，四處走動尋找獵物的蜘蛛。牠們有著強健結實的腳，而且眼睛相當發達。雖然也能產生絲線，但是是作為移動時的安全繩索，或是用於製作以絲包卵的「卵囊」等時候。依據種類不同，還有在絲線前端裝設具有黏性的球，並揮舞著用於捕捉獵物的蜘蛛，以及直接噴吐蛛絲捕獲獵物的蜘蛛等等。具有各種用途的絲線，可謂相當便利！

蜘蛛巢大功告成

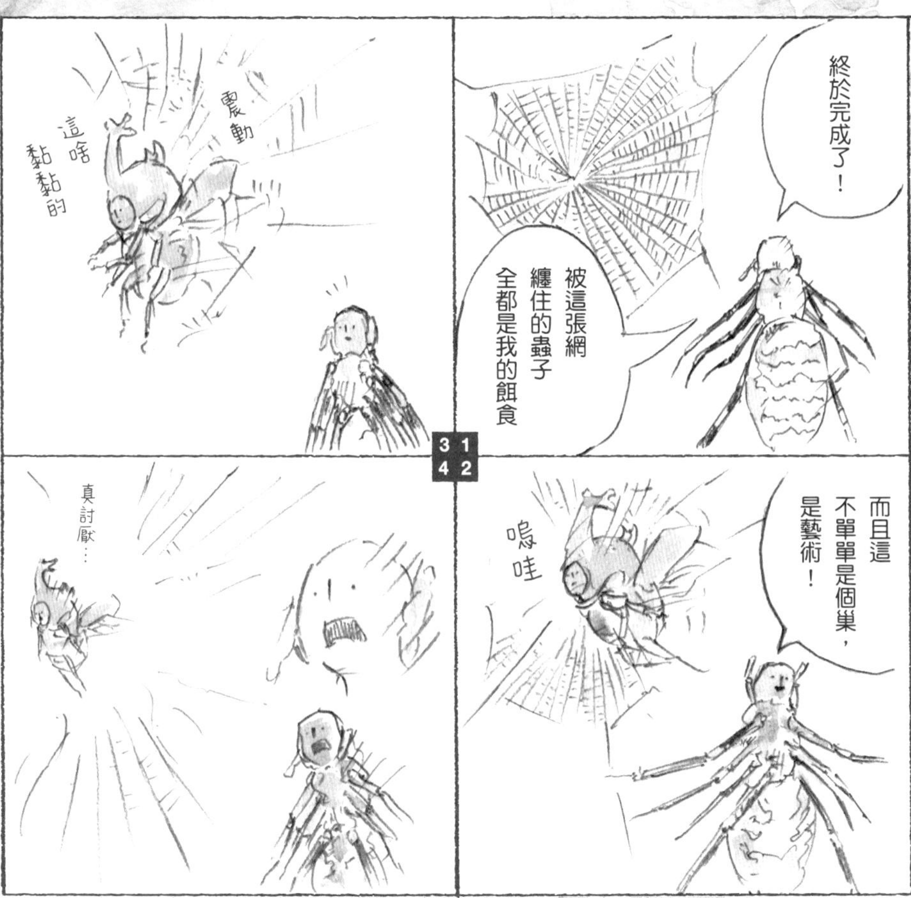

終於完成了！

被這張網纏住的蟲子全都是我的餌食

而且這不單單是個巢，是藝術！

嗚哇

震動

這啥黏黏的

真討厭…

因為對大部分的蜘蛛而言，沒有辦法把我們當作餌食呢

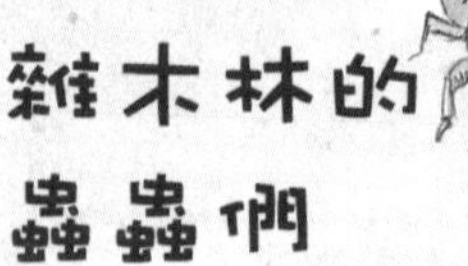

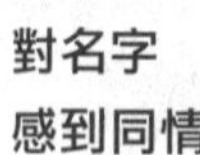
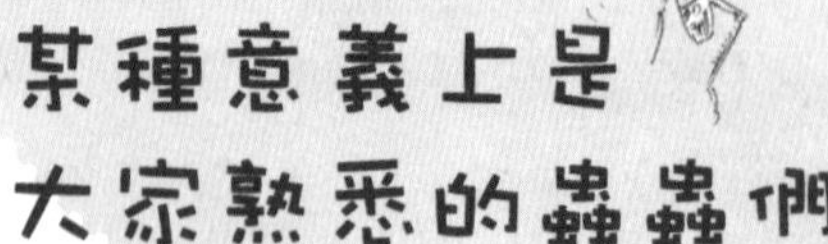

角色關係圖
雜木林的蟲蟲們
自古以來照看著昆蟲界
覺得自己
跟其他人相比沒有
那麼討人厭
對名字
感到同情
聲音
令人在意
某種意義上是
大宗熟悉的蟲蟲們
對堅硬的身軀
抱有憧憬
憧憬
草木間的蟲蟲們
擬態的
競爭對手
心存畏懼
以為是同伴但事實上……
心存畏懼
心存畏懼
競爭對手

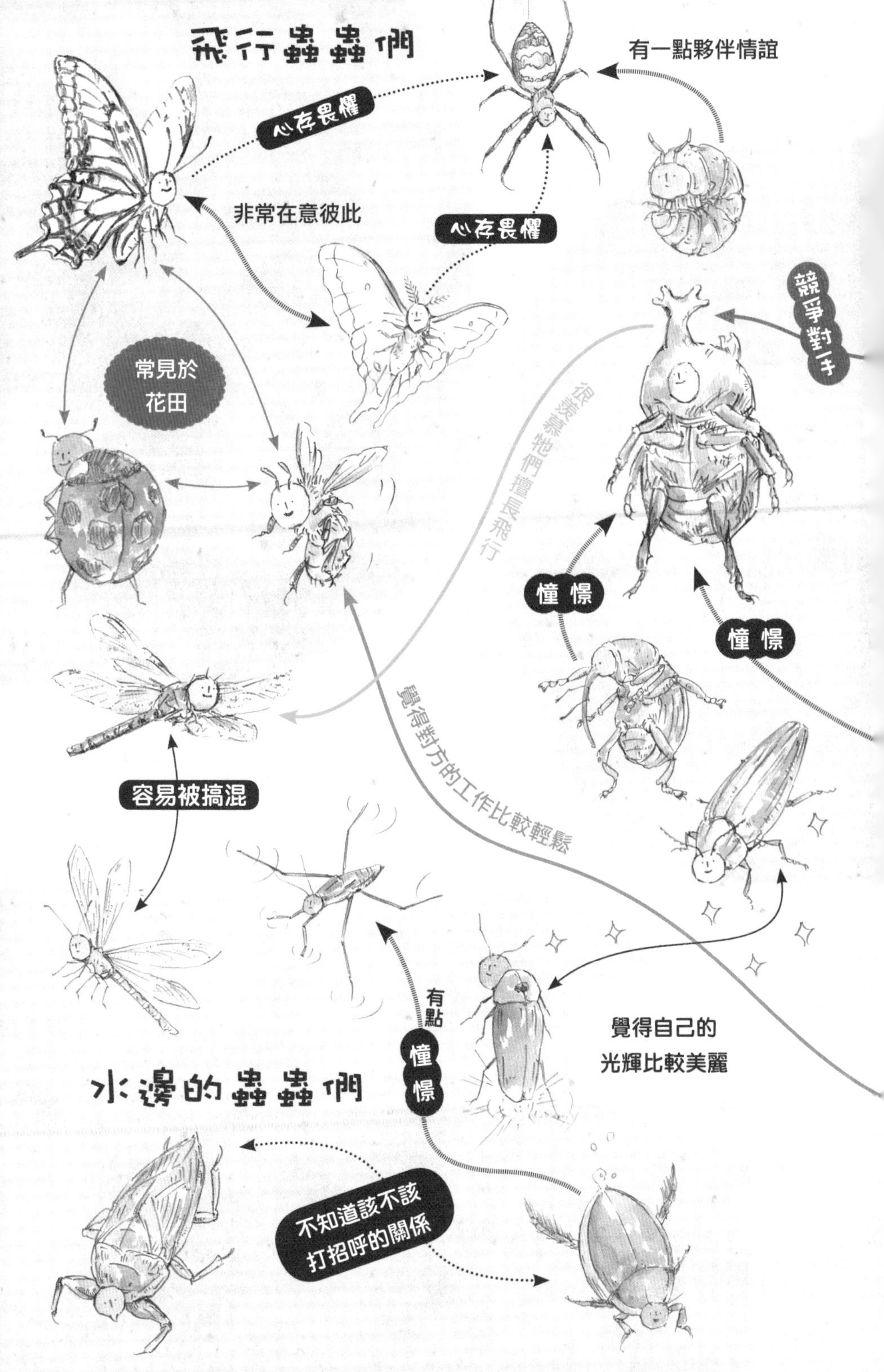
飛行蟲蟲們
有一點夥伴情誼
心存畏懼
非常在意彼此
心存畏懼
競爭對手
常見於花田
很羨慕牠們擅長飛行
憧憬
憧憬
容易被搞混
覺得對方的工作比較輕鬆
有點憧憬
覺得自己的光輝比較美麗
水邊的蟲蟲們
不知道該不該打招呼的關係

原來如此…小小的世界裡

竟然還有如此廣闊的世界啊…

昆蟲真的充滿了各種不可思議呢
人類才是更加不可思議吧
嗯⋯

軟萌昆蟲圖鑑 INDEX

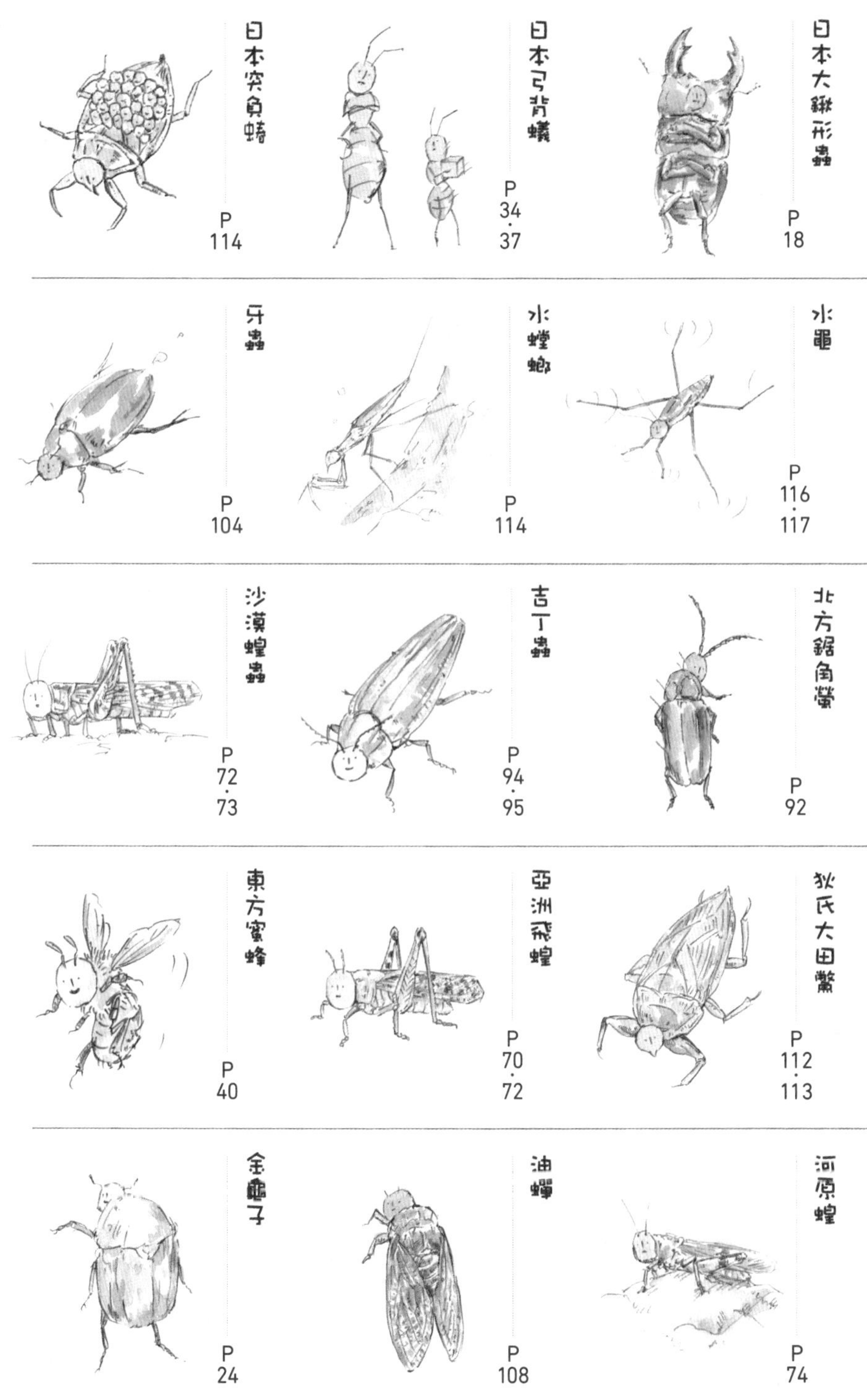
日本大鍬形蟲 P18
日本弓背蟻 P34・37
日本突負蝽 P114
水黽 P116・117
水螳螂 P114
牙蟲 P104
北方鋸角螢 P92
吉丁蟲 P94・95
沙漠蝗蟲 P72・73
狄氏大田鱉 P112・113
亞洲飛蝗 P70・72
東方蜜蜂 P40
河原蝗 P74
油蟬 P108
金龜子 P24

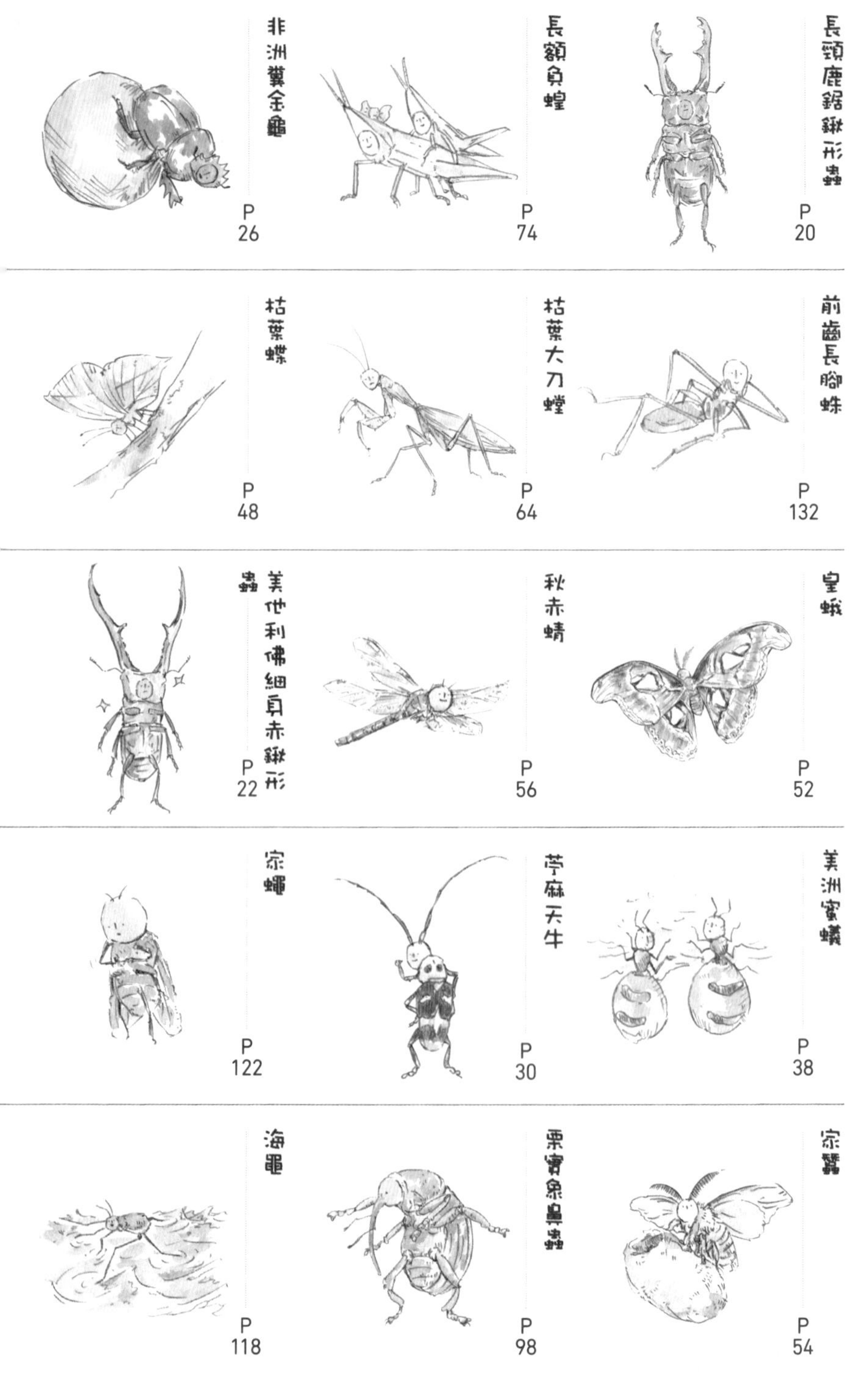

長頸鹿鋸鍬形蟲 P 20
長額負蝗 P 74
非洲糞金龜 P 26
前齒長腳蛛 P 132
枯葉大刀螳 P 64
枯葉蝶 P 48
皇蛾 P 52
秋赤蜻 P 56
美他利佛細身赤鍬形蟲 P 22
美洲蜜蟻 P 38
苧麻天牛 P 30
家蠅 P 122
家蠶 P 54
栗實象鼻蟲 P 98
海黽 P 118

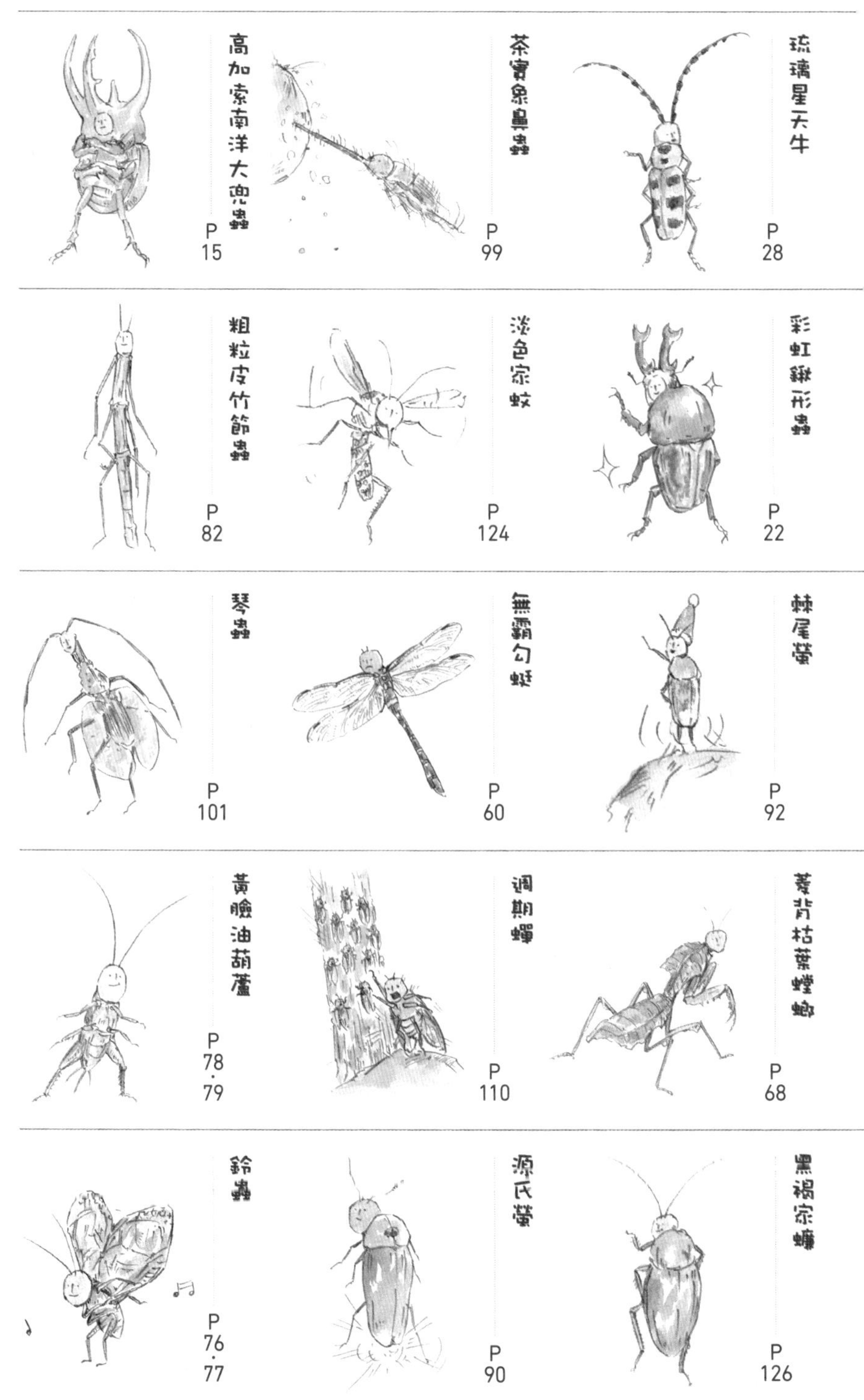
琉璃星天牛 P 28
茶實象鼻蟲 P 99
高加索南洋大兜蟲 P 15
彩虹鍬形蟲 P 22
淡色宗蚊 P 124
粗粒皮竹節蟲 P 82
棘尾螢 P 92
無霸勾蜓 P 60
琴蟲 P 101
菱背枯葉螳螂 P 68
週期蟬 P 110
黃臉油葫蘆 P 78・79
黑褐宗蠊 P 126
源氏螢 P 90
鈴蟲 P 76・77

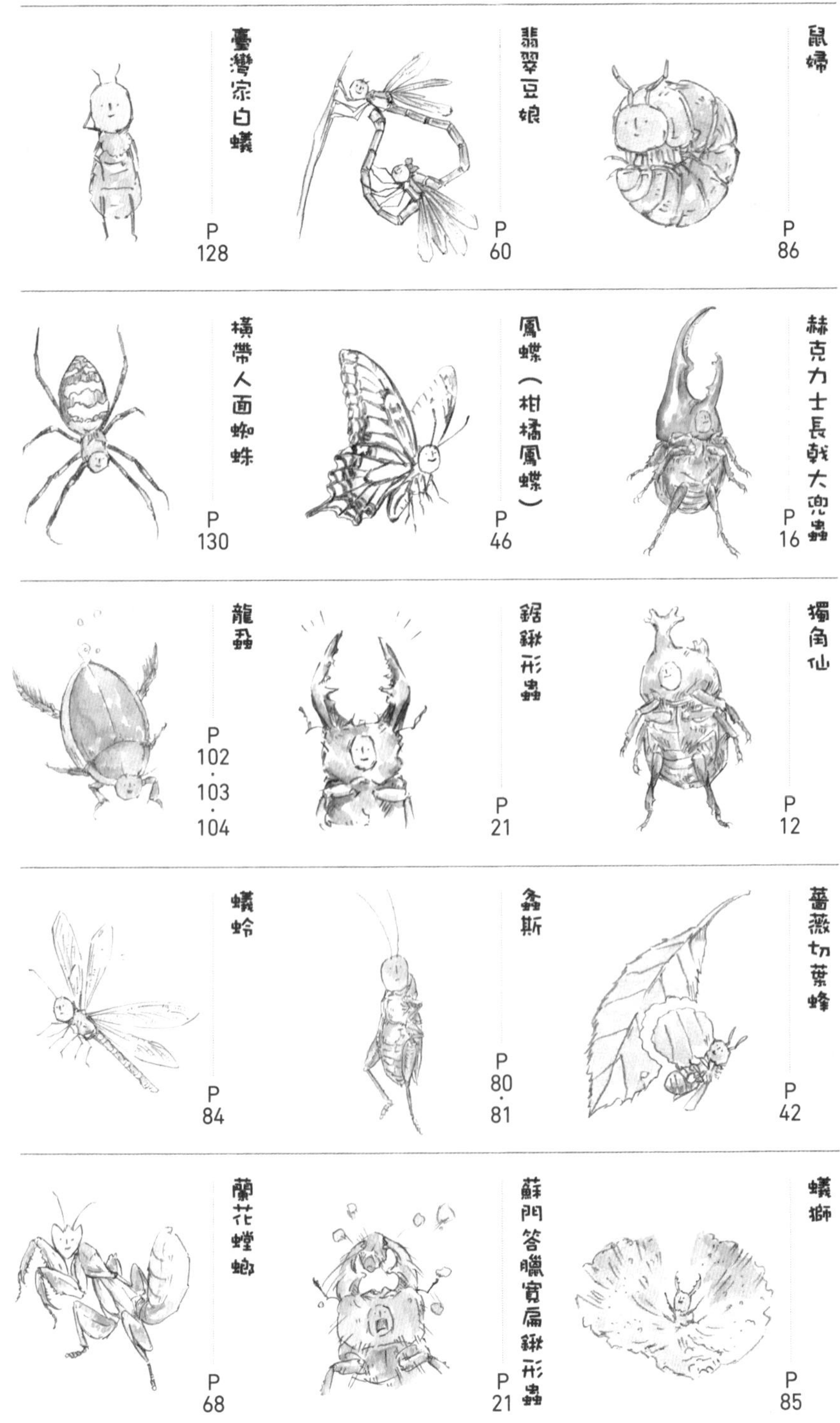
鼠婦
P86
翡翠豆娘
P60
臺灣宗白蟻
P128
赫克力士長戟大兜蟲
P16
鳳蝶（柑橘鳳蝶）
P46
橫帶人面蜘蛛
P130
獨角仙
P12
鋸鍬形蟲
P21
龍蝨
P102·103·104
薔薇切葉蜂
P42
螽斯
P80·81
蜻蛉
P84
蟻獅
P85
蘇門答臘實扁鍬形蟲
P21
蘭花螳螂
P68

主要参考資料

『昆虫（小学館の図鑑NEO）』小池啓一 ほか 指導・執筆（小学館）
『カブトムシ・クワガタムシ（小学館の図鑑NEO）』
小池啓一 指導・企画構成（小学館）
『昆虫（ポプラディア大図鑑WONDA）』寺山 守 監修（ポプラ社）
『かがやく昆虫のひみつ』中瀬悠太 著 野村周平 監修（ポプラ社）
『昆虫（講談社の動く図鑑MOVE）』養老孟司 監修（講談社）
『原色で楽しむカブトムシ・クワガタムシ図鑑&飼育ガイド』
安藤"アン"誠起（実業之日本社）
『びっくり昆虫大図鑑』須田研司 監修（高橋書店）
『野山の昆虫（新ヤマケイポケットガイド）』
今森光彦、荒井真紀（山と渓谷社）
『水辺の昆虫（ヤマケイポケットガイド）』今森光彦（山と渓谷社）
『今、絶滅の恐れがある水辺の生き物たち』
内山りゅう 編・写真 市川憲平 解説（山と渓谷社）
『田んぼの生き物図鑑』内山りゅう（山と渓谷社）
『昆虫の写真図鑑』ジョージ・C・マクガヴァン（日本ヴォーグ社）
『すごい虫131 大昆虫博公式ガイドブック』
養老孟司、奥本大三郎、池田清彦 監修（デコ）
『昆虫はすごい』丸山宗利（光文社）

『ハエトリグモハンドブック』須黒達巳（文一総合出版）
『学研の図鑑 カブトムシ・クワガタムシ』岡島秀治（学習研究社）
『学研の図鑑 世界の昆虫』岡島秀治（学習研究社）
『学研の大図鑑 日本産アリ類全種図鑑』
アリ類データベースグループ（学習研究社）
『学研の大図鑑 危険・有毒生物』野口玉雄 監修（学習研究社）
『学研の図鑑 LIVE 昆虫』岡島秀治（学研プラス）
『学研の図鑑 LIVE 危険生物』今泉忠明 監修（学研プラス）
『原色昆虫大図鑑I』矢田脩（北隆館）
『原色昆虫大図鑑II』森本桂（北隆館）
『原色昆虫大図鑑III』平嶋義宏ほか（北隆館）
『学生版日本昆虫図鑑』小川賢一（北隆館）
『トンボのすべて』井上清、谷幸三（トンボ出版）
『赤トンボのすべて』井上清、谷幸三（トンボ出版）
『アメンボのふしぎ』乾 實（トンボ出版）
『カマキリのすべて』岡田正哉（トンボ出版）
『ナナフシのすべて』岡田正哉（トンボ出版）
『ずかん 落ち葉の下の生きものとそのなかま』
ミミズくらぶ（技術評論社）
『昆虫博士入門』山﨑秀雄 著 大野正男 監修（全国農村教育協会）

『昆虫の生態図鑑（大自然のふしぎ 増補改訂）』（学研教育出版）
『昆虫生態学』藤崎憲治（朝倉書店）
『知られざる動物の世界 クモ・ダニ・サソリのなかま』
ケン・P・マファム（朝倉書店）
『ビジュアル 世界一の昆虫』
リチャード・ジョーンズ（日経ナショナルジオグラフィック社）
『世界びっくり昆虫大集合』矢島稔 監修（成美堂出版）
『孤独なバッタが群れるとき サバクトビバッタの相変異と大発生』
前野ウルド浩太朗（東海大学出版会）
『ホタルの不思議』大場信義（どうぶつ社）
『ビジュアルサイエンス 世界の珍虫101選』
海野和男（誠文堂新光社）
『日本産セミ科図鑑』林 正美、税所康正（誠文堂新光社）
『増補改訂版 日本のクモ』新海栄一（文一総合出版）
『日本のカミキリムシハンドブック』鈴木知之（文一総合出版）
『アリハンドブック』寺山 守（文一総合出版）
『新訂 水生生物ハンドブック』刈田敏三（文一総合出版）
『鳴く虫ハンドブック』奥山風太郎（文一総合出版）
『クモハンドブック』馬場友希（文一総合出版）

『狩蜂生態図鑑』田仲義弘（全国農村教育協会）
『世界のクワガタ ギネス』西山保典（エルアイエス）
『世界でいちばん素敵な昆虫の教室』
森山晋平 文 須田研司 監修
『虫の呼び名事典』森上信夫（世界文化社）
『ダンゴムシの本 まんまる一冊だんごむしガイド』
奥山風太郎＋みのじ（DU BOOKS）
『世界珍虫図鑑 改定版』
川上洋一 著 上田恭一郎 監修
『チャイルド科学絵本館 しぜんなぜなぜえほん6
ありのなぜなぜ？』須田孫七 監修（チャイルド本社）
『昆虫の不思議』丸山宗利（宝島社）
『原色図鑑 世界の美しすぎる昆虫』
丸山宗利（宝島社）
『世界のカマキリ観察図鑑』海野和男（草思社）
『きらめく甲虫』丸山宗利（幻冬舎）
『だから昆虫は面白い くらべて際立つ多様性』
丸山宗利（東京書籍）
『野山の鳴く虫図鑑』瀬長剛（偕成社）

TITLE

樹液太郎的軟萌昆蟲圖鑑

STAFF

出版	瑞昇文化事業股份有限公司
作者	樹液太郎
監修	須田研司
譯者	蔣詩綺
總編輯	郭湘齡
責任編輯	蔣詩綺
文字編輯	徐承義　李冠緯
美術編輯	孫慧琪
排版	執筆者設計工作室
製版	明宏彩色照相製版股份有限公司
印刷	龍岡數位文化股份有限公司
法律顧問	經兆國際法律事務所　黃沛聲律師
戶名	瑞昇文化事業股份有限公司
劃撥帳號	19598343
地址	新北市中和區景平路464巷2弄1-4號
電話	(02)2945-3191
傳真	(02)2945-3190
網址	www.rising-books.com.tw
Mail	deepblue@rising-books.com.tw
本版日期	2022年1月
定價	350元

ORIGINAL JAPANESE EDITION STAFF

イラスト	じゅえき太郎
執　筆	中野富美子
デザイン	柿沼みさと（カキヌマジムショ）
編集協力	近藤雅弘（むさしの自然史研究会） 佐藤 暁（アマナ/ネイチャー＆サイエンス） 多摩六都科学館
編　集	杉山亜沙美

國家圖書館出版品預行編目資料

樹液太郎的軟萌昆蟲圖鑑 / 樹液太郎著 ; 須田研司監修 ; 蔣詩綺譯. -- 初版. -- 新北市 : 瑞昇文化, 2019.05
144面 ; 14.8 x 21公分
譯自 : じゅえき太郎のゆるふわ昆虫大百科
ISBN 978-986-401-333-3(平裝)
1.昆蟲 2.動物圖鑑

387.725　　108005269